普通高等教育（高职高专）艺术设计类"十二五"规划教材

环境艺术设计专业

SHINEI SHEJI CAD

室内设计 CAD

主 编　屠 钊　姜 锋

副主编　卢雅婷　陆 敏

U0291605

中国水利水电出版社
www.waterpub.com.cn

内 容 提 要

本书共分 6 章,内容包括 AutoCAD 的功能特点及基本操作,任务一:室内家具陈设及拼花纹样(二维图形)的绘制,任务二:两室两厅家居室内设计施工图的绘制,任务三:办公空间室内设计施工图的绘制,任务四:商业空间室内设计施工图的绘制,任务五:家具及装饰结构体三维效果图的绘制等内容。本书注重理论联系实践,以项目为导向、以任务为引领,内容由浅入深,操作性强,易学易用。部分章节后面都有课外拓展性任务与训练,便于学生复习思考,也可作为课堂教学的一种延续。

本书可作为高职高专、应用型本科院校建筑、室内、环境艺术设计专业教材使用,也可作为专业技术人员的参考用书。

图书在版编目(CIP)数据

室内设计CAD / 屠钊,姜锋主编. -- 北京 : 中国水利水电出版社,2014.8(2021.2重印)
普通高等教育(高职高专)艺术设计类"十二五"规划教材
ISBN 978-7-5170-2086-8

Ⅰ. ①室… Ⅱ. ①屠… ②姜… Ⅲ. ①室内装饰设计—计算机辅助设计—AutoCAD软件—高等职业教育—教材
Ⅳ. ①TU238-39

中国版本图书馆CIP数据核字(2014)第117967号

书　　名	普通高等教育(高职高专)艺术设计类"十二五"规划教材 **室内设计 CAD**
作　　者	主编　屠钊　姜锋　　副主编　卢雅婷　陆敏
出 版 发 行	中国水利水电出版社 (北京市海淀区玉渊潭南路 1 号 D 座　100038) 网址:www. waterpub. com. cn E-mail:sales@waterpub. com. cn 电话:(010) 68367658(发行部)
经　　售	北京科水图书销售中心(零售) 电话:(010) 88383994、63202643、68545874 全国各地新华书店和相关出版物销售网点
排　　版	中国水利水电出版社微机排版中心
印　　刷	运河(唐山)印务有限公司
规　　格	210mm×285mm　16 开本　13 印张　402 千字
版　　次	2014 年 8 月第 1 版　2021 年 2 月第 4 次印刷
印　　数	9001—12000 册
定　　价	**32. 00** 元

前言

现阶段，高等职业教育改革方兴未艾，但适合高职室内设计专业学生所使用的 AutoCAD 教材仍然很少，为此，我们尝试着编写了本书。本书实行项目导向、任务引领的模式，项目教学由易到难，将 AutoCAD 计算机制图知识由浅入深地逐步、逐个地贯穿到室内设计项目中去，而不是先将所有的 AutoCAD 绘图知识及技巧讲述学完之后，再进行综合项目的训练。教材编写以知识"够用、管用"为原则（参数化约束功能在本书中没有介绍），全书以五个室内项目（任务）为编写主线，每一个任务均由任务目标及要求、设计点评、AutoCAD 新知识链接及命令操作、任务实施、课外拓展性任务与训练五个模块构成。编写中遵循循序渐进掌握命令及绘图技巧的原则，通过具体任务的训练，促使学生提高学习兴趣，以尽快适应今后的岗位工作。教材充分体现出高职教育的特点。

全书分为二维与三维两部分，既可作为专业基础教材，又适合社会相关人员自学。第 2 章通过室内家具、灯具及建筑装饰细部图形的绘制让学生掌握最基本的绘图方法和命令，为后几章内容的学习打下良好的基础。第 3～5 章为全书的主要内容，通过实际的几个工作任务的训练让学生掌握企业设计制图人员应掌握的用 AutoCAD 绘制室内设计施工图的方法，各章内容翔实，各具特色。为了拓宽学生的知识面，也便于和 3DMAX 课程的衔接，特增加了第 6 章。该章和第 3 章合为一个完整的设计项目，且有一定的深度。因为篇幅的限制，本书只在第 3 章安排了施工图的打印出图。实训安排在每一个任务之后，即"课外拓展性任务与训练"。内容包含在光盘中。

本书具体编写分工如下：第 1、2 章由宁夏建设职业技术学院卢雅婷编写；第 3 章、第 5 章由屠钊编写；第 4 章由杭州科技职业技术学院姜锋编写；第 6 章由宁夏建设职业技术学院陆敏编写；全书由屠钊统稿。

在编写过程中我们得到了中国水利水电出版社及有关专家的支持，同时宁夏亚澳、昌禾装饰设计工程有限公司及设计师马虎、夏梅为本书的编写提供了原始设计方案，在此一并致谢！

由于编者水平有限，书中难免有不妥之处，敬请广大师生不吝指正，以期进一步修订完善。

编者

2014 年 1 月

目　　录

第1章 AutoCAD 的功能特点及基本操作

1.1 AutoCAD 简介

AutoCAD 是由美国 Autodesk 公司开发的一款优秀的计算机辅助设计软件，英文全称为 Auto Computer Aided Design，AutoCAD。自 1982 年推出至今，AutoCAD 技术已经经历了三十多年的发展。随着计算机技术的不断发展与完善，其研究与应用也从单一向多元化发展。截至目前，已在机械、建筑、装饰、模具、汽车、造纸等领域广泛使用，普及度逐年提高。

AutoCAD 是集二维绘图和基本三维设计于一体的软件，它具有人性化的操作界面，易于掌握、使用方便，并且能够对绘制的图形进行基本编辑、文本标注、尺寸标注、图形渲染以及打印输出的操作。它为多用户合作提供便捷的工具，方便用户密切而高效地共享信息。AutoCAD2011 除在图形处理等方面的功能有所增强外，还新增了创建 NURBS 曲面的功能，使得建模更为快捷；参数化图形中增加了推断集合约束功能，可通过在绘制或编辑几何图形期间推断约束来了解设计意图；增加了拖放材质功能，可使实现 AutoCAD 和其他 Autodesk 设计应用程序中的使用和共享；增强了图案填充透明度、材质浏览器等功能；增强了夹点修改对象功能；增加了多段线等对象的夹点，提供了一种可替代编辑夹点的方法。

这些功能对于不熟悉绘图环境、不了解绘图命令的初学者而言，难以快速提高绘图速度。因此，在学习的过程中，首先应该掌握一些常用的基本命令，以实例为目标巩固所学知识，提高绘图水平。

1.2 AutoCAD 基本操作

基于不同版本的 AutoCAD 的界面组成与基本操作相类似的特点，本书所提及的工作界面、工具栏、对话框等均以 AutoCAD2011 为准，其余版本可依据此版本展开。本书在操作过程中，以具体实例演示作说明。

1.2.1 AutoCAD 的工作界面及操作

1.2.1.1 安装 AutoCAD2011

用户可在光盘中找到"setup.exe"文件，双击后弹出安装向导界面，如图 1-2-1 所示，单击"安装产品"进行安装。

1.2.1.2 启动 AutoCAD2011

启动 AutoCAD2011 的方法有 3 种：

（1）利用桌面上的快捷方式启动。双击桌面上 AutoCAD2011 图标。

（2）利用"开始"菜单启动。选择"开始"菜单→"所有程序"→"Autodesk"→"Auto-CAD2011"命令。

（3）利用查找安装文件的目录启动。双击"我的电脑"→文件所在硬盘→"Autodesk \ Au-toCAD 2011"文件夹→"acad.exe"程序。

1.2.1.3 AutoCAD2011 的工作界面

启动完毕后，AutoCAD 以"二维草图与注

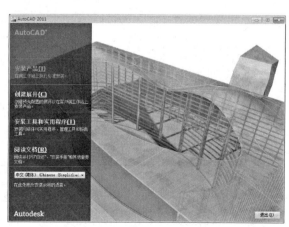

图 1-2-1 安装向导界面

释"工作空间为当前空间，其窗口的界面组成主要包括应用程序按钮、快速访问工具栏、功能区、命令栏、状态栏、绘图区等部分，工作界面的组成与布局也可依据用户需要进行安排，如图1-2-2所示。用户还可选择"三维基础"、"三维建模"和"AutoCAD经典"（见图1-2-3）工作空间。

图1-2-2　AutoCAD2011"二维草图与注释"工作空间

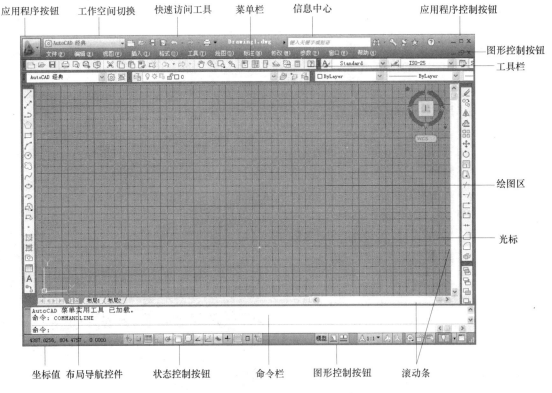

图1-2-3　"AutoCAD经典"工作空间

• 标题栏：AutoCAD 的标题栏显示在用户界面的最上方，从左向右依次为应用程序按钮、工作空间切换按钮、快速访问工具栏、信息中心和应用程序控制按钮。在标题栏空白处显示当前图形的文件名，文件名后缀为".dwg"。其操作方法与功能与 Windows 操作相同。

• 功能区：功能区集合了所有的命令，它以浮动窗口的形式分类显示工具栏按钮，用户可以在此处找到所需要的命令。

• 菜单栏：菜单栏是 AutoCAD 的重要组成，它集合了大部分的绘图命令，单击菜单中的任意按钮，都会显示出相应的下拉菜单项。此时，用户只需移动鼠标选择需要的命令菜单按钮或 Alt＋菜单项括号中的字母打开相应菜单即可。若用户想取消此次操作，可在标题栏或绘图区单击鼠标左键，或直接按"Esc"键。AutoCAD2011 共有 12 个菜单，每个菜单都对相似选项进行分类，并用灰色横线隔开。操作过程中，用户可用使用快捷键选择命令。

当菜单项后面有"…"时，表示选择该命令后，会弹出一个对话框。

当菜单项后面有黑色的小三角"▶"时，表示该命令还有下级子菜单。

• 工具栏：工具栏按类别包含了不同功能的图标按钮，它分别显示在菜单栏的下方和两侧。例如，"标准工具栏"、"图层工具栏"、"对象特性工具栏"、"样式工具栏"、"绘图工具栏"、"修改工具栏"等，用户只需单击相应按钮即可执行相应的操作。在工具栏上点右键，可以调整工具栏显示的状态。用户也可根据个人需要进行自定义设置，将自己经常使用到的命令进行定义。

工具栏按照位置的不同，可以分为固定工具栏、浮动工具栏、嵌套工具栏 3 种。工具栏中的按钮具有提示功能，当用户将鼠标在按钮上方稍作停顿，相应名称就会显示，并在状态栏中给出该按钮的简要说明。这种提示功能也可以在"工具栏"对话框中进行设置。

• 命令栏：命令栏位于工作界面的下方，命令窗口由命令行和命令历史窗口两部分组成。当用户开始绘图时，命令栏中会显示"命令："提示，此时需要用户输入命令并确认。在绘图过程中，软件处于命令执行的状态，命令栏中显示各种操作提示。用户可根据需要选择相应操作。

历史命令窗口显示之前执行过的命令。用户可按 F2 键，使其显示为活动窗口，进行历史命令的查找。也可移动鼠标至命令窗口上方两条横线处，向上拖拽，拉高命令窗口的显示范围后进行查看。

• 绘图区：绘图区位于屏幕中央的空白区域，相当于手工绘图的图纸，所有的绘图操作都是在该区域中完成的。在绘图区域的左下角显示了当前坐标系图标，向右为 X 轴正方向，向上为 Y 轴正方向。绘图区没有边界，无论多大的图形都可置于其中。用户可利用鼠标对图像进行缩放或移动，也可利用水平滚动条和竖直滚动条对视图进行移动。在绘图过程中，当鼠标移动到绘图区时，会变为十字光标；执行选择对象的时候，鼠标会变成一个方形的拾取框。

在绘图区的左下角有三个标签，分别为模型标签、布局 1 标签和布局 2 标签，用于模型空间和布局空间的切换。一般的绘图工作都是在模型空间进行，布局 1 或布局 2 标签可进入图纸空间，其主要任务是完成打印输出图形的最终布局。用户可以根据需要对布局空间进行新建、删除、重命名、移动或复制，也可进行页面设置等操作。

• 状态栏：状态栏位于界面的最下方，依次显示为坐标值、状态控制按钮和图形控制按钮。状态栏的左侧显示着绘图区内当前十字光标所处的绝对坐标位置，坐标值随着鼠标的移动而不断变化。中间显示了常用的控制按钮，如捕捉、栅格、正交、极轴、对象捕捉、对象追踪等，用户可以通过相关快捷键或点击相应按钮使其打开或关闭。当按钮状态为凹下，则处于打开状态；凸起则处于关闭状态。最右侧显示着一些图形控制按钮，用户可对视图的状态或属性进行切换和设置。

1.2.1.4 基本操作

AutoCAD 的基本操作包括鼠标操作、菜单操作、对话框操作和文件操作。

1. 鼠标操作

鼠标是人机交互的主要工具。用户用鼠标在 AutoCAD 中进行绘图和编辑操作。下面我们认识几种常见的光标形状，见表 1-2-1。

表 1 - 2 - 1　　　　　　　　　　　　　　　　　　几种常见的光标形状

光 标 形 状	含 义	光 标 形 状	含 义
╬	等待输入状态	＋	绘图状态
□	选择对象	I	输入文本状态

鼠标的基本操作包括鼠标的单击（左键单击、右键单击）、左键双击和拖拽（左键拖拽、右键拖拽）。

- 单击鼠标左键：选择功能键，包括选择文件、选择绘图对象、打开菜单或打开命令。
- 单击鼠标右键：绘图窗口快捷菜单或回车键功能，可对命令进行结束，或在单击后出现的快捷菜单中对命令的下一步操作进行选择。
- 鼠标左键双击：执行应用程序。
- 旋转滚轮：对视图进行实时缩放。
- 鼠标左键拖拽：移动工具栏、动态平移等。
- 按住滚轮不放并拖拽：实时平移。
- 双击滚轮：缩放视图至图形区。
- Shift＋按住滚轮不放并拖拽：三维旋转。
- Ctrl＋按住滚轮不放并拖拽：随意实时平移。

2. 菜单操作

(1) 打开菜单。

用鼠标左键在相应的菜单上单击。

按 Alt＋字母组合键。例如 Alt＋F 组合键打开"文件"菜单；Alt＋D 组合键打开"绘图"菜单。

(2) AutoCAD 菜单的介绍。

AutoCAD 在默认的情况下有 12 个菜单，分别为文件（F）、编辑（E）、视图（V）、插入（I）、格式（F）、工具（T）、绘图（D）、标注（D）、修改（M）、参数（P）、窗口（W）和帮助（H）。

- "文件"菜单：本菜单为文件管理命令，例如对文件进行保存、打印等操作。
- "编辑"菜单：本菜单为文本编辑命令，例如对绘制的对象进行剪切、复制、粘贴等操作。
- "视图"菜单：本菜单主要对视图进行管理，例如缩放、平移、鸟瞰等。
- "插入"菜单：本菜单可插入文件，例如插入图块、图形、对象等。
- "格式"菜单：本菜单可设置各种绘图参数，如图形界限、绘图单位、文字样式、标注样式、图层等。
- "工具"菜单：本菜单可对 AutoCAD 的绘图辅助工具进行设置，如草图设置、自定义用户界面等。
- "绘图"菜单：本菜单包含了所有基本绘图的命令，如直线、圆、正多边形等。
- "标注"菜单：本菜单包括尺寸标注的所有命令，如线性标注、半径标注、角度标注等。
- "修改"菜单：本菜单包含了 AutoCAD 的所有编辑命令，如复制、镜像、偏移等。
- "窗口"菜单：本菜单包括 AutoCAD 的工作空间、窗口排列方式和目前打开的 AutoCAD 文件名称。
- "参数"菜单：本菜单以约束的形式对图形进行定义和绘制，常用的约束有几何约束和标注约束。
- "帮助"菜单：本菜单提供帮助信息。

3. 对话框操作

在 AutoCAD 的操作过程中，有些命令会以对话框的形式出现。

（1）对话框的组成。

对话框一般由标题栏、标签、控制按钮、命令按钮、单选框、复选框、列表框和下拉列表框组成，如图1-2-4所示。

• 标题栏：在对话框的顶部，显示对话框的题目，其右侧是对话框的控制按钮。

• 标签：一个对话框中同时有几个类似对话框时，可用标签同时对几个对话框进行设置。如图1-2-4所示，对话框中既可以对"捕捉和栅格"进行设置，也可以对"极轴追逐"进行设置，还可以对"对象捕捉"进行设置。

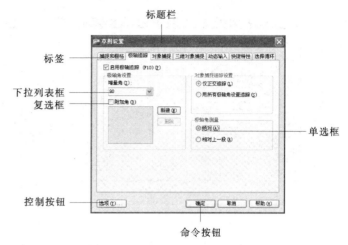

图1-2-4　对话框的组成

• 文本框：又叫编辑框，用户可在此输入符合要求的信息。

• 单选框：该框内的选项只能选择一个项，被选中的选项前有一个圆点。

• 复选框：可同时选择多个符合要求的该框中的选项。

• 控制按钮：点击即可进入其他对话框。

• 命令按钮：命令按钮通常有"确定（OK）"、"取消（cancel）"和"帮助（help）"。单击"确定"按钮，表示确定对话框中的内容并关闭对话框，单击"取消"按钮，表示取消这次对话框的操作，单击"帮助"按钮，表示启动帮助功能。

（2）对话框的操作。操作对话框的方式一般有以下几种：

1）直接单击鼠标左键选择要选择的选项，如需要输入文本，则先在文本框中用鼠标单击左键，激活选项，输入文本即可。

2）按Tab键，虚线框在各个选项之间顺序切换，按Enter键，表示该选项被启动。

3）使用Shift+Tab组合键，虚线框在各选项之间反向切换。

4）在同一组选项中，可以用左右键移动虚线框，按Enter键表示启动。

4．文件操作

（1）创建新图形文件。

1）使用默认设置方式新建图形。当用户启动AutoCAD软件时，即可创建一个新图形文件，该图已预先做好了一系列设置，用户可根据绘图需要保留或改变这些设置。

2）利用样板创建新图形。由于很多图纸存在很相似的作图参数，利用样板文件可以接收其他图纸已设置好的作图参数，这样可以提高作图效率，确保图形参数的一致，避免重复设置。样板文件是以"DWT"为扩展名的文件，系统默认存在系统文件夹TEMPLATE中，当按样板文件建立新文件时，用户可按需要选择TEMPLATE文件夹中的样板文件。

按样板文件建立新文件的方法：

• 选择"文件"→"新建"菜单。

• 单击"标准"工具栏中的"新建"按钮 📄。

• 在命令行中输入"New"或组合键"Ctrl+N"。

【注意】

（1）以上三种方法都可以打开"选择样板"对话框，用户可依据需要选择样板，并在样板中进行绘图。

（2）如图1-2-5所示，当系统变量Startup的值为"1"时，该对话框允许以三种方式创建新图，即从草图开始、使用样板及使用向导。执行New命令或单击"新建"图标都会弹出启动对话框；当Startup的值为"0"时，执行New命令或单击"新建"图标都让用户选择样板图创建一个新图形。

（2）打开文件。打开文件的方法有3种：

Startup＝0 　　　　　　　　　　　　Startup＝1

图 1-2-5　创建新图形

1) 利用"文件"菜单打开。打开"文件"菜单→选择"打开"。

2) 利用工具栏按钮打开。选择"标准"工具栏→"打开"按钮📂。

3) 在命令行输入 Open 或组合键"Ctrl＋O"。

（3）保存文件。

为了防止意外情况造成死机，用户必须随时将已绘制好的图形文件存盘，常用"保存"、"另存为"等命令存储文件。保存文件的方法有 3 种：

1) 利用"文件"菜单保存。打开"文件"菜单→选择"保存"或选择"另存为"。

2) 利用工具栏按钮保存。选择"标准"工具栏→"保存"按钮💾。

3) 在命令行输入 Qsave、组合键"Ctrl＋S"或 Save as（另存为）。

（4）创建"室内设计施工图模板"样板文件。

在"另存为"对话框中，在"文件类型"下拉列表框中选择"AutoCAD 图形样板（＊.dwt）"，输入文件名"室内设计施工图模板"，单击"保存"按钮保存该样板文件，以备后用。

【注意】

当文件第一次被保存时，为缺省设置，弹出的保存窗口与另存为相同。用户需选择文件的保存路径并在文件名文本框中编辑文件名后存盘。用户在保存文件的过程中，可以选择文件保存的类型，即文件格式。

（5）恢复文件。

用户在保存文件的时候会同时生成一个以".bak"为后缀的文件，它是 AutoCAD 自动生成的备份文件，其作用是为了防止用户误删原文件而造成不必要的损失。用户可以自己手动将其删掉，也可以将其保存。在恢复文件时，我们可以将这个".bak"的备份文件的文件类型改为".dwg"后进行保存，即可查看这个原文件了。

【注意】

若用户在恢复文件时看不到文件的文件类型，只能看到文件的文件名时，用户可双击打开"我的电脑"，然后在菜单上选"工具"/"文件夹选项"，在弹出菜单中把"隐藏已知文件类型的扩展名"前的小勾去了，再点确定，然后再把"＊＊.bak"文件改成"＊＊.dwg"即可。

（6）关闭和退出文件。

关闭和退出图形文件有以下几种方法：

1) 利用"文件"菜单关闭和退出。打开"文件"菜单→选择"关闭"，打开"文件"菜单→选择"退出"。

2) 单击 AutoCAD 当前文件窗口右上角的关闭按钮▇关闭文件，单击标题栏右侧的关闭按钮▇退出文件。

3) 利用命令关闭或退出。Close、Exit 或 Quit。

4) 利用应用程序按钮▇的快捷菜单关闭或退出。用户可在弹出的快捷菜单中选择关闭当前图形文件或关闭所有图形文件，也可退出 AutoCAD。

5）利用组合键 Alt＋F4 进行退出。

【注意】

关闭文件和退出文件是两种不同的操作，关闭文件只是关闭了当前文件，CAD 应用程序不退出；而退出文件表示关闭当前文件并关闭 AutoCAD 程序。在关闭或退出文件的过程中，若文件未被保存，则弹出"另存为"窗口，用户需对此进行保存操作。否则，直接关闭或退出文件。

1.2.2 AutoCAD 命令的执行方法

AutoCAD 命令的输入方法有 3 种：下拉菜单法、命令按钮法和键盘输入法。当用户执行某个命令时，可依据命令窗口出现的进一步提示，按步骤进行操作，从而完成命令。同时，用户应根据实际情况选择最佳的命令执行方式，提高工作效率。

首先介绍 AutoCAD 系统中在命令窗口出现的 3 种符号的意义：

（1）"/"分隔符号，将 AutoCAD 命令中的不同选项分隔开，每一选项的大写字母表示其缩写方式，可直接键入此字母执行该选项。

（2）"［］"中括号，其中包含命令的所有可选项，用户可输入相应的命令缩写进行选择并进入下一步操作。

（3）"＜＞"小括号，此括号内为缺省输入值或当前要执行的选项，如不符合用户的绘图要求，可输入新的数值或新的参数来代替。

1．下拉菜单法

通过选择下拉菜单中的相应命令来执行命令，用鼠标左键单击菜单，打开下拉菜单，再单击要执行的命令即可。AutoCAD 同时提供鼠标右键快捷菜单，在快捷菜单中会根据绘图的状态提示一些常用的命令，如图 1-2-6 所示。

2．命令按钮法

在工具栏上选择要执行命令对应的工具按钮，然后按照提示完成绘图工作。

3．键盘输入法

通过键盘方式执行命令是最常用的一种绘图方法，当用户要使用某个工具进行绘图时，只需在命令行中输入该工具的命令形式，然后根据提示一步一步完成绘图即可，如图 1-7 所示。AutoCAD 提供动态输入的功能，在状态栏中按下"动态输入"按钮后，键盘输入的内容会显示在十字光标附近，如图 1-2-8 所示。

图 1-2-6　鼠标右键菜单

图 1-2-7　通过键盘方式执行命令　　　　图 1-2-8　动态输入显示执行命令状态

4．命令的结束、退出、重做、撤销或恢复、透明命令

（1）结束或退出正在执行的命令。

AutoCAD 可随时结束或退出正在执行的命令。当执行某命令后，可按 Esc 键退出该命令，也可按 Enter 键结束某些操作命令。注意，有的操作要按多次才能退出。

（2）重复执行上一次操作命令。

当结束了某个操作命令后，若要再一次执行该命令，可以按 Enter 键或空格键来重复上一次的命令。上下方向键可以翻阅前面执行的数个命令，然后选择执行。

（3）撤销已执行的命令。

绘图中出现错误，要取消前次的命令，可以使用 Undo 命令，或单击工具栏中的按钮 ↰，回到前一步或几步的状态。

（4）恢复已撤销的命令。

当撤销了命令后，又想恢复已撤销的命令，可以使用 Redo 命令或点击工具栏中的按钮 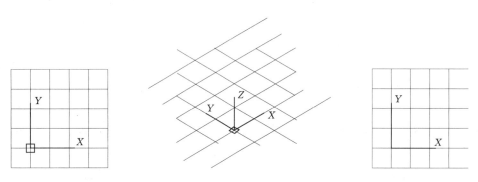 来恢复。

（5）使用透明命令。

AutoCAD 中有些命令可以插入到另一条命令的期间执行，如当前在使用 Line 命令绘制直线的时候，可以同时使用 Zoom（视图缩放）命令放大或缩小视图范围，也可打开对象捕捉设置相关节点，这样的命令称为透明命令。

1.2.3 点的坐标输入与直线绘制

AutoCAD 的坐标输入是通过在命令窗口中输入图形中点的坐标来实现的，这样既能够增加绘图的准确度，又能够提高工作效率。

1. 世界坐标系

采用三维笛卡尔右手坐标系统 CCS 来确定点的位置。在进入 AutoCAD 绘图区时，如未设定绘图界限等，系统将自动进入笛卡尔坐标系的第一象限，即世界坐标系 WCS。世界坐标系始终固定，以屏幕左下角的点为坐标原点（0，0，0），如图 1-2-9 所示。

AutoCAD 在二维绘图和编辑过程中，世界坐标系的坐标原点和方向在默认情况下，X 轴以水平向右方向为正方向，Y 轴以垂直向上方向为正方向。在三维绘图编辑过程中，用户可切换坐标为三维坐标系，其中，X、Y 轴方向不变，Z 轴以垂直 XY 平面指向用户方向为正方向，坐标原点为 3 轴的交点，显示在绘图区左下角，如图 1-2-10 所示。

图 1-2-9　世界坐标系　　　图 1-2-10　三维坐标系　　　图 1-2-11　用户坐标系

2. 用户坐标系

为了方便用户绘图，AutoCAD 提供了更为方便的用户坐标系统 UCS，在默认情况下，用户坐标系统与世界坐标系重合，而在绘制一些复杂的实体图形时，可根据具体需要，通过 UCS 命令，设定适合当前图形应用的坐标系统，如图 1-2-11 所示。

【注意】

（1）WCS 坐标轴的交汇处有"□"形标记，UCS 没有"□"形标记。

（2）坐标系周围的小网格为栅格。

（3）用户可通过"视图"→"显示"→"UCS 图标"→"原点"菜单命令，控制坐标系图标是否显示在坐标原点。默认情况下，该菜单为开启状态。

3. 点的坐标输入

在绘图和编辑的过程中，为了确定实体的准确位置，大部分数据输入都是采用坐标点的方式。其中，具体可分为绝对直角坐标、相对直角坐标、绝对极坐标和相对极坐标四种。

（1）绝对直角坐标。

绝对直角坐标是以坐标原点（0，0）为基准点进行输入的。绝对坐标的输入方式为（X，Y，Z），都是相对于坐标原点的位移而确定的。如果只需输入二维点，可以采用（X，Y）格式。

（2）命令窗口中键入 Units/Ddunits。

Units 命令可以设置长度单位和角度单位的制式、精度。当执行 units 命令后，系统将弹出如图 1-2-17 所示的"图形单位"对话框。

打开"室内设计施工图模板"样板文件，在"图形单位"对话框中将长度选项组类型设为"小数"，精度设为"0"。取消角度选项组的"顺时针"复选框，设置角度类型为"十进制度数"，精度为"0"，其他选项为默认。设置完成后单击"确定"退出"图形单位"对话框，保存并覆盖原"室内设计施工图模板"样板文件。

图 1-2-17　"图形单位"对话框

说明

• 长度：设置测量单位的当前格式及线性测量值显示的小数位数或分数大小。包括"建筑"、"小数"、"工程"、"分数"和"科学"五种类型。其中，"工程"和"建筑"格式提供英尺和英寸显示并假定每个图形单位表示 1 英寸。其他格式可表示任何真实世界单位。

• 角度：设置当前角度格式及其显示精度。包括十进制度数、百分度、度/秒/分、弧度和测量单位五种类型。所有选项都为角度格式的设置。其中，角度方向规定，输入角度值时逆时针方向角度为正；若勾选顺时针，则确定顺时针方向角度为正。

• 光源：控制当前图形中光度控制光源的强度测量单位。

• 方向：在图 1-2-17 中单击"方向"按钮，出现"方向控制"对话框，规定 0°的位置。例如，缺省时，0°在"东"的位置。

2. 设置图形界限

图形界限就是绘图区域，一般应与选定的图纸的大小相对应。设置图形界限，就可以使得绘制的图形始终在设定的范围之内，避免在输出打印时出错。若选用 A4 的图纸横放，则可设定图形界限为水平宽度 297mm，竖直高度 210mm。

设置图形界限的方法有 2 种：

（1）在命令窗口中键入 LIMITS，设置绘图界限为 297mm×210mm，如图 1-2-18 所示。

（2）单击"格式"→"图形界限"命令来设置图形界限，如图 1-2-19 所示，此法同样可以设置绘图界限。

图 1-2-18　设置绘图界限　　　　　　图 1-2-19　设置绘图界限

说明

- 关闭（OFF）：关闭绘图界限检查功能。
- 打开（ON）：打开绘图界限检查功能。

设置时先确定左下角点，之后系统继续提示："右上点＜420，297＞："，指定绘图范围的右上角点，默认 A3 图幅的范围；如果设其他图幅，只要改成相应的图幅尺寸就可以了。

室内设计施工图中一般调用 A3 图幅打印输出，输出比例通常为 1∶100，图形界限通常设置为42000mm×29700mm。再次打开"室内设计施工图模板"样板文件，设置图形界限范围为 42000mm×29700mm。设置完成后，保存并覆盖原"室内设计施工图模板"样板文件，见表 1-2-2。

表 1-2-2 　　　　　　　　　　　　　国家标准图纸幅面　　　　　　　　　　　　　单位：mm

幅面代号	A0	A1	A2	A3	A4
宽×高	1189×841	841×594	594×420	420×297	297×210

【注意】

（1）在 AutoCAD 绘图时，要用真实的尺寸绘图，打印出图时再考虑比例尺。另外，用 LIMITS 限定绘图范围不如用图线画出图框直观。

（2）当绘图界限检查功能设置为 ON 时，如果输入或拾取的对象超出绘图界限，操作将无法进行。

（3）绘图界限检查功能设置为 OFF 时，绘制图形不受绘图范围的限制。

（4）绘图界限检查功能只限制输入点坐标不能超出绘图边界，而不能限制整个图形。例如圆，当它的定形定位点（圆心和确定半径的点）处于绘图边界内，它的一部分圆弧可能会位于绘图区域之外。

3. 设置参数选项

在 AutoCAD 操作中，经常会遇到一些问题，例如电脑死机或停电，绘制的圆变成多边形等，在这种情况下，需要对参数进行一些简单的设置。

参数设置的方法有 3 种：

（1）在"工具"菜单中选择"选项"。

（2）在命令窗口处单击鼠标右键，选择"选项"，如图 1-2-20 所示。

（3）在命令窗口中输入 op。

4. 几个常用的设置

（1）文件选项卡。

"文件"选项卡可以设置文件路径可以通过该选项卡查看或调整各种路径，将文件目录设置到CAD 目录下，便于查找，或放在用户方便使用的地方。临时文件保存路径可以从系统默认的 temp 目录改到用户想要的目录下，如图 1-2-21 所示。

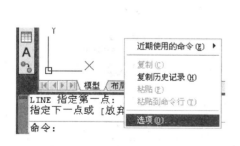

图 1-2-20　设置参数

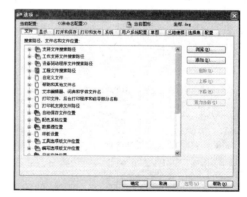

图 1-2-21　文件选项卡

（2）显示选项卡。

"显示"选项卡用于设置是否显示 AutoCAD 屏幕菜单、是否显示工具栏提示、是否显示滚动条等，如图 1-2-22 所示。

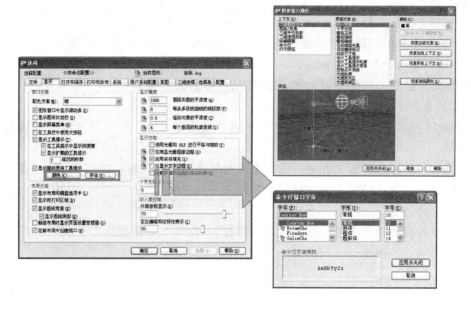

图 1-2-22　"显示"选项卡

　　单击"颜色"按钮设置绘图屏幕颜色。缺省情况下，屏幕图形的背景色是黑色，用户可以根据需要改变背景色为指定的颜色，单击"应用并关闭"按钮退出。

　　单击"字体"按钮设置命令行文字的字体、字号和样式。

　　（3）打开和保存选项卡。

　　在此选项卡中，用户可以设置 AutoCAD 自动存图时间，使损失减少到最小。用户也可单击"安全选项"按钮，对文件设置密码，如图 1-2-23 所示。

　　（4）草图选项卡。

　　当用户更改背景绘图区的默认颜色之后，可在此选项卡中改变捕捉的颜色和大小，如图 1-2-24所示。

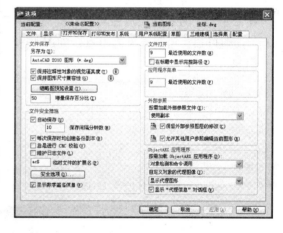

图 1-2-23　"打开和保存"选项卡

图 1-2-24　"草图"选项卡

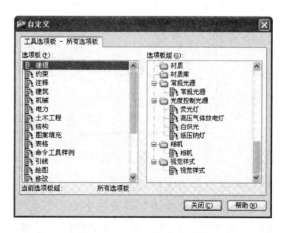

图 1-2-25　定制工具栏

（5）定制工具栏。

定制工具栏的方法有 2 种：

1）在"工具"菜单中选择"自定义"→"工具选项板"，如图 1-2-25 所示。

2）在命令窗口输入命令 Customize。

1.2.5 对象捕捉、正交、极轴追踪功能的设置及捕捉方式的使用

1.2.5.1 对象捕捉功能

AutoCAD2011 提供了多种对象捕捉类型，使用对象捕捉方式，可以快速准确的捕捉到实体，从而提高工作效率。

对象捕捉是一种特殊点的输入方法，该操作不能单独进行，只有在执行某个命令需要指定点时才能调用。启用对象捕捉方式的常用方法有如下几种：

（1）在工具栏中打开。

在任意工具栏按钮处单击右键，选择"对象捕捉"，打开"对象捕捉"工具栏，在工具栏中选择相应的捕捉方式即可，如图 1-2-26 所示。

图 1-2-26　对象捕捉

（2）输入命令捕捉模式。

在命令行中直接输入所需对象捕捉命令的英文缩写。例如捕捉一条直线的中点，可在命令行中输入 mid，即可捕捉所有对象的中点，如图 1-2-27 所示。

例如：

命令:_line 指定第一点:mid

于

指定下一点或［放弃(U)］:mid

于

指定下一点或［放弃(U)］:

图 1-2-27　草图设置

图 1-2-28　快捷菜单

（3）草图设置捕捉模式。

在状态栏"对象捕捉"等按钮上单击鼠标右键选择"设置"，打开"草图设置"对话框，或选择"工具"菜单中的"草图设置"选项打开设置对话框，选择"对象捕捉"选项卡，从中进行相应选择。

（4）在快捷菜单中选择。

在绘图区中按住 Shift 或 Ctrl 键再单击鼠标右键，在弹出的快捷菜单中选择相应的捕捉方式，如图 1-2-28 所示。

【注意】

（1）对象捕捉无法单独执行，必须与绘图等命令一起使用。

（2）以上自动捕捉设置方式可同时设置一种以上捕捉模式，当不止一种模式启用时，AutoCAD 会根据其对象类型来选用模式。如在捕捉框中不止一个对象，且他们相交，则"交点"模式优先。圆心、交点、端点模式是绘图中最有用的组合，该组合可找到用户所需的大多数捕捉点。对象捕捉的启用键为 F3。

在 AutoCAD2011 中，系统提供的对象捕捉类型见表 1-2-3。

表 1-2-3　　　　　　　　　　　　　　　AutoCAD 对象捕捉方式

捕捉类型	表示方式	命令方式	功　能
临时追踪点	⊶○	TT	在当前用户坐标系中，追踪其他参考点而定义点
捕捉自	⌐○	FROM	偏移捕捉，以临时点为基点，从基点偏移一定的距离而得到捕捉点
端点	✎	END	捕捉直线、圆弧或多段线距离拾取点最近的端点
中点	✐	MID	捕捉直线、多段线或圆弧等对象的中点
圆心	◎	CEN	捕捉圆弧、圆、或椭圆的圆心
节点	○	NOD	捕捉点对象，包括尺寸的定义点
象限点	◈	QUA	捕捉圆、圆弧或椭圆上 0°、90°、180°、270°处的点
交点	✕	INT	捕捉直线、圆、多段线等任意 2 个对象的最近的交点
延长线	-----	EXT	捕捉对象后再在其延长线方向移动出现的延长线上的点
插入点	⬓	INS	捕捉插入图形文件中的文字、属性和块的插入点
垂足	⊥	PER	捕捉直线、圆弧、圆、椭圆或多段线外一点到此对象上的垂直交点
切点	⊙	TAN	捕捉所画对象与圆、圆弧、椭圆相切的切点
最近点	✗	NEA	捕捉对象上最靠近光标方框中心的点
外观交点	✕	APP	捕捉两个对象延长或投影后的交点
平行线	∥	PAR	捕捉绘制与指定对象平行的直线
无捕捉	▥	NONE	关闭单点捕捉方式
对象捕捉设置	▥	DS	设置对象捕捉

（1）应用实例：在已知矩形内部指定点绘制正方形，如图 1-2-29 所示。

绘制步骤：

1）执行"矩形"命令，绘制长 200，宽 150 的矩形。

2）执行"正多边形"命令，输入侧面的数目为 4，选择以边（E）的方式进行绘制。当系统要求用户指定正多边形的边的一个顶点时，用户可选择"捕捉自"命令。用鼠标单击大矩形的左下角点来确定基点的坐标，然后在"_from 基点：＜偏移＞："后输入偏移坐标 @50，30，回车确认。

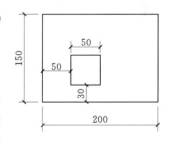

图 1-2-29　应用实例一

3）选择边的另一个端点。此时用户需要输入正多边形底边另一个端点的坐标，可以用相对坐标的形式输入 @50，0，回车确认。

（2）应用实例：在直角三角形中绘制内切圆。

绘制步骤：

1）执行"直线"命令绘制一个直角三角形，尺寸如图 1-2-30 所示。

2）执行"圆"命令，选择三点（3P）画圆的方式绘制圆，此时将捕捉工具栏以浮动工具栏的形式显示在窗口中。

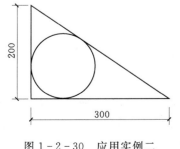

图 1-2-30　应用实例二

3）单击切点捕捉图标 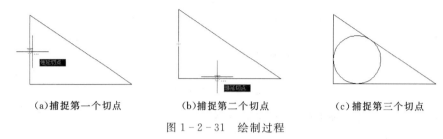，移动光标到三角形的一边上，出现切点标记时，单击确定，再次单击 ，选择第二条边，重复刚才的操作，用相同的方法捕捉第三条边的切点，完成作图，如图 1-2-31 所示。

(a)捕捉第一个切点　　　　(b)捕捉第二个切点　　　　(c)捕捉第三个切点

图 1-2-31　绘制过程

（3）应用实例：将两条不相交直线 L1 和 L2 的外观交点与圆弧 L3 的延长线连接，绘制一条水平线段如图 1-2-32 所示。

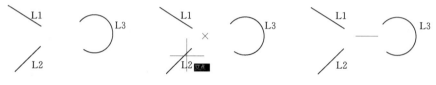

图 1-2-32　应用实例三

绘制步骤：

1）执行"直线"命令，系统提示"指定第一点："时，用户输入 APP 回车确认。

2）系统提示"于"，用户单击 L1 直线上的任意一点。

3）系统提示"和"，用户单击 L2 直线上的任意一点，系统自动确定 L1 与 L2 的交点 P1。

4）系统提示"指定下一单或［放弃（U）］："，用户输入 EXT 回车确认。

5）系统提示"于"，用户将光标放在 L3 端点附近，当端点标记出现后，沿圆弧虚线方向向 P1 移动，直到与 P1 在同一条直线时，停止移动，单击鼠标，确定 P2 点的位置（在正交状态下效果较好）。

（4）应用实例：过直线外一点，绘制已知直线的平行线和垂线，如图 1-2-33 和图 1-2-34 所示。

绘制步骤：

1）执行"直线"命令，绘制一条直线，执行"点"命令，绘制一个点。

2）在"草图设置"对话框中选择启用"对象捕捉"，并添加选中"节点"、"平行线"和"垂足"三个选项。

3）执行"直线"命令，以直线外的"点"为平行线的起点，将鼠标移至直线上，出现平行符号，再将直线移回，直至出现一条虚线，表示此直线与已知直线平行，则在此直线上单击即可。

4）再次执行"直线"命令，以直线外的"点"为垂线的起点，将鼠标在直线上移动，出现垂直符号时停止，并单击确定位置，结束绘图。

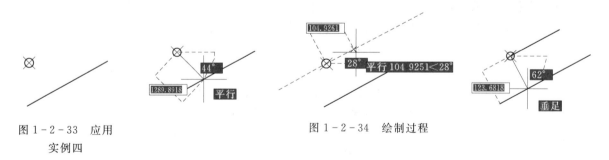

图 1-2-33　应用
实例四

图 1-2-34　绘制过程

1.2.5.2　正交功能

在绘图过程中使用正交功能，可以将光标移动限制在水平或垂直方向上，以便精确地创建和修改对象，如图 1-2-35 所示。启用正交方式的常用方法有以下 3 种：

（1）在命令行输入命令 Ortho。

（2）直接单击状态栏中的"正交"命令按钮，如图1-2-35所示。

（3）按F8键打开或关闭正交功能。

在画线时，生成的线是水平或垂直的取决于哪根轴离光标远。当激活等轴测捕捉和栅格时，光标移动将在当前等轴测平面上等价地进行。

【注意】

（1）当正交状态开启时，用户可直接输入数值确定线段长度。

（2）"正交"、"栅格"和"捕捉"功能结合使用，可大大地提高作图效率。

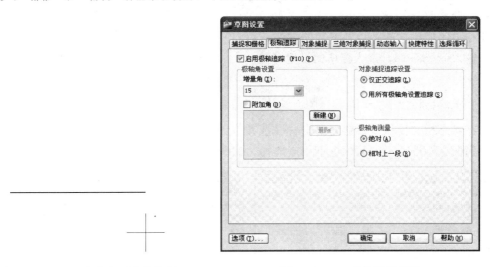

图1-2-35　正交状态下直线绘制　　　　　图1-2-36　极轴追踪设置

1.2.5.3　极轴追踪功能

极轴追踪与正交的作用有些类似，也是为要绘制的直线临时对齐路径，然后输入一个长度单位就可以在该路径上绘制一条指定长度的直线。其设置在"草图设置"中完成，如图1-2-36所示，启用极轴追踪后，每增加设置的角度增量，都会出现一条虚线，即极轴线。例如，要画一条起点在坐标原点，长度为50个单位，与 X 轴成15°的线段。则可设置极轴增量角为15°，所有0°和增量角的整数倍角度都会被追踪到，还可以设置附加角以追踪单独的极轴角。选择直线命令后，输入坐标原点坐标，鼠标在移动过程中，出现15°极轴线，用户可以在此线方向上输入长度50后单击Enter键确认即可。

应用实例：利用极轴追踪绘制正六边形。

绘制步骤：

（1）选择"极轴追踪"对话窗口，输入增量角为60°，设置其为开启状态。

（2）选择直线命令，进行绘制，在绘制过程中，每条边的长度都相等，此图中输入长度均为50。操作步骤如图1-2-37所示。

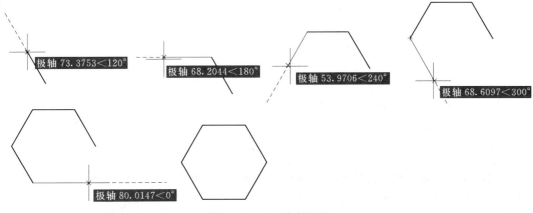

图1-2-37　绘制过程

【注意】

可直接单击状态栏中极轴追踪按钮，或单击快捷键F10来启用或关闭极轴追踪。

1.2.5.4 栅格和捕捉

1. 栅格

在绘图中，栅格是一些指定位置的参考点，起坐标纸的作用。栅格不是图形实体，不能用编辑实体的命令进行编辑，虽然在屏幕上可见，但它既不会打印到图形文件上随图形输出，也不影响绘图位置。栅格只在绘图范围内显示，帮助辨别图形边界，安排对象以及对象之间的距离，以提供比较直观的距离和位置参照。

打开和关闭栅格功能及设置参数的方法：

（1）输入命令Gird，进入栅格的设置环境。

命令:grid

指定栅格间距(X)或[开(ON)/关(OFF)/捕捉(S)/主(M)/自适应(D)/界限(L)/跟随(F)/纵横向间距(A)]<10.0000>:

（2）在状态栏"栅格"按钮处单击右键选择"设置"，打开"草图设置"对话框或选择工具，选择"捕捉和栅格"选项卡，从中进行相应选择，如图1-2-38（a）所示。

（a）   （b）

图1-2-38 利用"菜单"设置栅格

（3）选择"工具"菜单，选择"草图设置"，选择"捕捉和栅格"选项卡，进行设置。

【注意】

（1）可直接单击状态栏中栅格显示按钮或捕捉命令按钮，或单击快捷键F7或Ctrl+G来显示或隐藏栅格。

（2）打开栅格的显示结果如图1-2-38（b）所示。

2. 捕捉

捕捉命令可令光标以用户指定的X、Y间距作跳跃式移动。通过光标捕捉模式的设置，可以很好地控制绘图精度，加快绘图速度。

打开和关闭捕捉功能及设置参数的方法：

（1）输入命令Snap（SN），进入捕捉的设置环境，如图1-2-39所示。

图1-2-39 设置捕捉

（2）在状态栏"捕捉"按钮处单击右键选择"设置"，打开"草图设置"对话框或选择工具，选择"捕捉和栅格"选项卡，从中进行相应选择。

（3）选择"工具"菜单，选择"草图设置"，选择"捕捉和栅格"选项卡，进行设置。

说明

• 关闭（OFF）/打开（ON）：关闭/打开光标捕捉模式。单击窗口下方状态栏上的"捕捉"按钮，按"F9"键也可打开关闭/打开光标捕捉模式。

• 横纵向间距（A）：设置水平间距和竖直间距。该选项可指定一个角度，使十字光标连同捕捉方向以指定基点为轴旋转该角度。

• 样式（S）：设置光标捕捉样式，有标准和等轴测两种类型。

• 类型（T）：选择捕捉类型为极轴捕捉或为栅格捕捉。

【注意】

（1）可直接单击状态栏中的捕捉按钮，或单击捕捉的快捷键F9来启用或关闭捕捉。

（2）等轴测捕捉/栅格：可利用等轴测捕捉和栅格操作来生成二维轴测图。利用等轴测操作，可以用绘制二维平面的方法来绘制三维视图，类似于在纸上作图。不要将轴测图等同于三维制图，只有在三维空间才能生成三维视图。

等轴测方式总是用三个预设平面，称作左、右、顶视图，这些平面的设置是不可改变的，若捕捉角度为0°，则三个等轴测轴为30°、90°和150°。

当选用等轴测捕捉和栅格操作并选择一个等轴测平面时，捕捉间距，栅格及十字光标线均排定在当前等轴测平面，栅格总是显示为等距，并用Y坐标来计算栅格尺寸；若同时选择了正交绘图模式，则程序限定只能绘制对象在当前等轴测平面上。

（3）按F5键或Ctrl+E键在左、右或顶轴侧面切换等轴平面。

1.2.6 对象选择

AutoCAD的某些命令（如编辑、修改命令）在执行的时候，都需要先选择对象，然后才能进行编辑操作。这些被选定的对象都为虚线亮显状态，我们把它们定义为选择集。选择集可以包含单个对象，也可以包含更复杂的多个对象。

AutoCAD提供两种对象选择类型，可以先调用命令，再选择对象，也可以先选择对象，再调用命令。这两种方式的区别在于，前者在任何情况下都可用，后者需要预设，才可用。方法如下：选择"工具"菜单中的"选项"，在弹出的对话框中选择"选择"选项卡，再勾选"先选择后执行"选项即可，如图1-2-40所示。

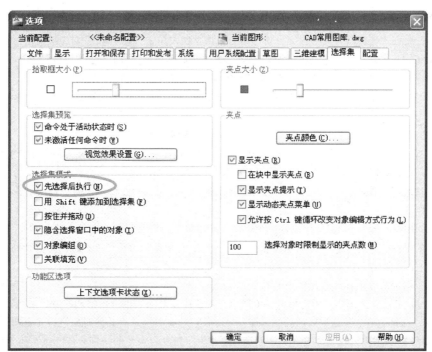

图1-2-40 对象选择设置

最常用和最直观的选择方法为点选和框选。点选，即用鼠标左键单击对象。框选，也是窗口的选择方式，用户可以按下鼠标左键确定矩形框的起始位置并移动鼠标，在对角点处再次单击鼠标，继而确定矩形的轮廓。若矩形的起点在左侧，终点在右侧，则选框为实线，表示完全包含在矩形框内的对象被选中；若矩形的起点在右侧，终点在左侧，则选框为虚线，表示完全包含在矩形框内或和矩形框有交集的对象都被选中。

除此之外，还有一些别的选择方式。当用户在命令行输入 select 命令或选择相关编辑命令后，在"选择对象："提示下输入"?"，AutoCAD 将会显示如下信息：

命令:select

选择对象:?

＊无效选择＊

需要点或窗口(W)/上一个(L)/窗交(C)/框(BOX)/全部(ALL)/栏选(F)/圈围(WP)/圈交(CP)/编组(G)/添加(A)/删除(R)/多个(M)/前一个(P)/放弃(U)/自动(AU)/单个(SI)/子对象(SU)/对象(O)

说明

- 窗口（W）：选取完全包含在矩形选取窗口中的对象。
- 上一个（L）：选取在图形中最后创建的对象。
- 窗交（C）：交叉窗口方式，选取与矩形选取窗口相交或包含在矩形窗口内的所有对象，窗口与窗交的应用比较如图 1－2－41 所示。

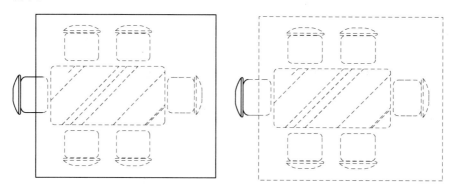

图 1－2－41　窗口与窗交的应用比较

- 框（BOX）：此方式是窗口方式与窗交方式的组合。根据用户单击选取区域的方式来确定。若从左向右绘制矩形，为实线框，属于窗口方式；若从右向左绘制矩形，为虚线框，属于窗交方式。
- 全部（ALL）：选取当前图形中的所有对象（不包含冻结或锁定的对象）。
- 栏选（F）：选取与选择框相交的所有对象，此法所绘制出的折线与对象相交，当用户单击右键确认后完成选择。
- 圈围（WP）：此法为多边形窗口方式，边框为实线，将选取完全在多边形窗中的对象。
- 圈交（CP）：此法为交叉多边形窗口方式，边框为虚线，将选取多边形窗口所包含或与之相交的对象。
- 编组（G）：选择已定义的图形组，输入编组名称即可。
- 添加（A）：添加方式，新增一个或以上的对象到选择集中。用鼠标左键单击要选择的对象或用鼠标左键框选对象。
- 删除（R）：删除方式，从选择集中删除一个或以上的对象。方法与添加对象的方式相同。
- 多个（M）：多选方式，选择多个对象并亮显选取的对象。需要在选择完毕后，回车进行确认。
- 前一个（P）：选取包含在上个选择集中的对象。
- 放弃（U）：取消最近添加到选择集中的对象。
- 自动（AU）：自动选择方式，用户指向一个对象即可选择该对象，也可用框选的方式进行选择。
- 单个（SI）：选择"单个"选项后，只能选择一个对象，若要继续选择其他对象，需要重新执行选择命令。
- 子对象（SU）：使用户可以逐个选择原始形状，这些形状是复合实体的一部分或三维实体上的顶点、边和面。可以选择这些子对象的其中之一，也可以创建多个子对象的选择集。选择集可以包含多种类型的子对象。
- 对象（O）：结束选择子对象的功能。以对象的形式选择图形。

【注意】

（1）当变量 HIGHLIGHT 的值等于 1 时，选取的对象显示为高亮，取值为 0 时则不发生变化。

（2）进入清除模式的快捷方式，按住<Shift>键，选择已经选中的图形，这是图形将由高亮需先恢复显示为正常状态。

（3）通常的情况下，我们可以直接利用鼠标单击或鼠标的拖动来开启选择窗口，由左向右拖动鼠标，开启"W"窗口，由右向左拖动鼠标开启"C"窗口。

（4）为了更好、更准确的选取对象，当需要改变拾取框的大小时，可通过选择菜单"工具"→"选项"→"选择"→"拾取框大小"进行更改。

第 2 章　任务一：室内家具陈设及拼花纹样 （二维图形）的绘制

2.1　任务目标及要求

2.1.1　任务目标
- 学习基本编辑命令的制图方法。
- 掌握各种基本几何图形的绘图命令和使用方法。
- 理解各个实体绘图命令的参数、选项和关键字的意义和使用方法。
- 能灵活应用实体绘图命令完成简单图形的绘制。
- 掌握各种辅助工具的使用，并能灵活应用，使作图快速、准确和提高效率。
- 完成本章四个子任务的综合训练。

2.1.2　任务要求
- 了解常用绘图命令和修改命令。
- 掌握常用的高级编辑命令，并能熟练地使用命令对图形进行编辑和绘制。

2.2　设　计　点　评

本章所含家具陈设及拼花纹样的应用实例，风格涉及中式、欧式、伊斯兰式，纹样精巧细致，或稳重大方或浪漫随意，可见室内设计的多姿多彩，在绘制时需用心体会。

2.3　AutoCAD 新知识链接及命令操作

AutoCAD 提供了十分丰富的绘图命令，可以完成各种复杂的图样，为了使 AutoCAD 的绘制过程更加轻松，用户必须先熟悉基本几何元素，如直线、圆、圆弧等基本实体的绘制。在掌握了一些基础绘图命令后，我们介绍辅助绘图工具的使用，然后再继续介绍其他的绘图命令，并给出一些综合应用实例。

2.3.1　矩形、多边形、多段线、圆、圆弧、椭圆、样条曲线命令的使用

2.3.1.1　矩形

在 AutoCAD 中矩形是最常用的几何图形之一，用户可以通过指定矩形的两个对角点来绘制矩形，也可以指定矩形面积和长度或宽度值来绘制矩形，"矩形"命令除了可以绘制直角矩形外，还可以绘制倒角、圆角和标高矩形，同时还可以为其设置宽度和高度。

执行矩形命令的方法有 4 种：

（1）单击"绘图"工具栏中的"矩形"按钮 ▭ 。

（2）选择"绘图"菜单→"矩形"命令。

（3）在命令行输入"RECTANG"或快捷键"REC"。

（4）在"二维草图与注释"工作空间模型下选择"矩形"命令按钮。

命令及提示：

命令：_rectang
指定第一个角点或 ［倒角(C)/标高(E)/圆角(F)/厚度(T)/宽度(W)］:(指定矩形的一个角点或输入参数)

指定另一个角点或[面积(A)/尺寸(D)/旋转(R)]:　　　　　　　（指定矩形的另一个角点或以其他方式绘制）

说明

- 倒角（C）：设定矩形的倒角距离，绘制出矩形四角均为倒角的矩形。
- 标高（E）：设定矩形在三维空间中的基面高度。
- 圆角（F）：设定矩形的圆角半径，绘制出四角都为圆角的矩形。
- 厚度（T）：设定矩形的厚度，即三维 Z 轴方向的高度。
- 宽度（W）：设置矩形的线宽。
- 面积（A）：通过指定矩形面积和长度或宽度来绘制矩形。
- 尺寸（D）：使用输入矩形的长度和宽度来绘制矩形。
- 旋转（R）：通过指定旋转角度来绘制矩形。

矩形示意图如图 2-3-1 所示。

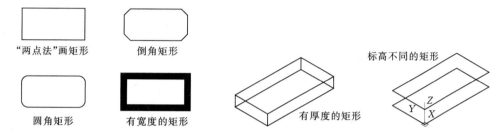

图 2-3-1　矩形示意

【注意】

在绘图过程中，必须先设定倒角距离或角度值和宽度等，再绘制矩形。

在指定对角点绘制矩形时，第二个对角点应输入相对直角坐标，这样既准确又快捷。

【课堂练习】

绘制如图 2-3-2 所示图形。

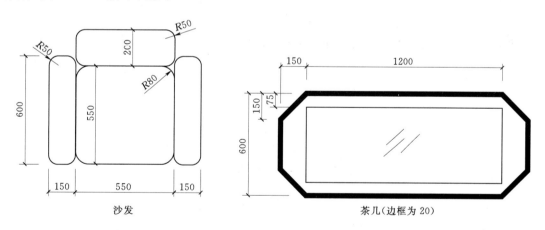

图 2-3-2　课堂练习

2.3.1.2　正多边形

正多边形命令用于绘制等边、等角的封闭几何图形。创建正多边形时，分为"内接于圆"、"外切于圆"和"边"三种方式，如图 2-3-2 所示。

执行正多边形命令的方法有 4 种：

(1) 单击"绘图"工具栏中的"正多边形"按钮。

(2) 选择"绘图"菜单→"正多边形"命令。

(3) 在命令行输入"POLYGON"或快捷键"POL"。

(4) 在"二维草图与注释"工作空间模型下选择"正多边形"命令按钮，如图 2-3-3 所示。

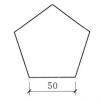
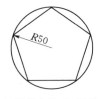

(a)边长为50的正多边形　　　(b)圆的内接正五边形　　　(c)圆的外切正五边形

图2-3-3　绘制正多边形

命令及提示：

命令：polygon 输入侧面数 <4>：　　　　　　（执行绘制多边形命令并输入多边形的侧面数）

指定正多边形的中心点或［边(E)］：　　　　　（选择绘制多边形的方式，默认状态指定正多边形的中心点）

输入选项［内接于圆(I)/外切于圆(C)］<I>：（选择用内接圆或外切圆进行绘制）

指定圆的半径：　　　　　　　　　　　　　　（指定圆的半径）

说明

- 输入侧面的数目：用户可以输入的数目的范围是3至1024，命令行中显示的为最近一次设置的边数。
- 正多边形的中心点：指正多边形的几何中心。
- 边（E）：指定正多边形的一个边长，并指定边放置的位置。
- 内接于圆（I）：绘制圆内接正多边形。
- 外切于圆（C）：绘制圆外切正多边形。

【课堂练习】

绘制如图2-3-4所示图形。

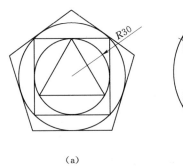

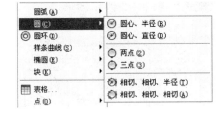

(a)　　　　　　　　　　　(b)

图2-3-4　课堂练习　　　　　　　　　图2-3-5　执行"圆"命令

2.3.1.3　圆

圆是绘图中一个常见的对象，绘制的圆是一种封闭曲线，能拉伸成三维实体。在AutoCAD中，默认方法是用指定圆心和半径的方法绘制圆。也可以用圆心和直径、直径上的两点和圆周上的三点定义圆。在绘制圆时，若用菜单法进行绘制，则只需直接选择绘制的方式；若用命令或工具栏按钮法绘图时，则需要输入相应的选项才能进行下一步绘制。

执行"圆"命令的方法有4种：

(1) 单击"绘图"工具栏中"圆"按钮⊙。

(2) 选择"绘图"菜单→"圆"命令，如图2-3-5所示。

(3) 在命令行输入"CIRCLE"或快捷键"C"。

(4) 在"二维草图与注释"工作空间模型下选择"圆"命令按钮。

命令及提示：

(1) "圆心、半径"方式［见图2-3-6（a）］。

命令：_circle 指定圆的圆心或［三点(3P)/两点(2P)/相切、相切、半径(T)］：　　（指定圆心的位置）

指定圆的半径或［直径(D)］：　　　　　　　　　　　　　　　　　　　　　（给定圆的半径值）

（2）"圆心、直径"方式［见图 2-3-6（b）］。

CIRCLE 指定圆的圆心或［三点(3P)/两点(2P)/相切、相切、半径(T)］：	（指定圆心的位置）
指定圆的半径或［直径(D)］<50.0000>:d	（选择用直径法来绘制圆）
指定圆的直径 <100.0000>：	（给定圆的直径值）

（3）两点法画圆［见图 2-3-6（c）］。

命令:_circle 指定圆的圆心或［三点(3P)/两点(2P)/相切、相切、半径(T)］:_2p	（选择用两点法画圆）
指定圆直径的第一个端点：	（确定直径的一个端点）
指定圆直径的第二个端点：	（确定直径的另一个端点）

（4）三点法画圆［见图 2-3-6（d）］。

命令:_circle 指定圆的圆心或［三点(3P)/两点(2P)/相切、相切、半径(T)］:_3p	（选择用 3 点法画圆）
指定圆上的第一个点：	（确定圆周上第一个点的位置）
指定圆上的第二个点：	（确定圆周上第二个点的位置）
指定圆上的第三个点：	（确定圆周上第三个点的位置）

（5）相切、相切、半径法画圆［见图 2-3-6（e）］。

命令:_circle 指定圆的圆心或［三点(3P)/两点(2P)/相切、相切、半径(T)］:_ttr	
指定对象与圆的第一个切点：	（单击选择与圆相切的第一个点）
指定对象与圆的第二个切点：	（单击选择与圆相切的第二个点）
指定圆的半径 <50>：	（输入与上两个对象都相切的圆的半径）

【注意】

指定切点时可在大致范围内单击鼠标进行确定。

（6）相切、相切、相切法画圆［见图 2-3-6（f）］。

命令:_circle 指定圆的圆心或［三点(3P)/两点(2P)/相切、相切、半径(T)］:_3p	
指定圆上的第一个点:_tan 到	（单击选择与圆相切的第一个点）
指定圆上的第二个点:_tan 到	（单击选择与圆相切的第二个点）
指定圆上的第三个点:_tan 到	（单击选择与圆相切的第三个点）

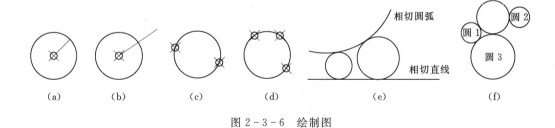

图 2-3-6 绘制图

【注意】

（1）菜单法可直接在菜单中选择绘制圆的方法进行绘制，而命令按钮法和键盘输入法在命令调用后，都必须再选择绘制方式后才能进行绘制。

（2）用相切、相切、相切法画圆可绘制与 3 个对象都相切的圆。切点的大致范围要确定，否则会绘制多个相切圆。此法中的三个切点也可用 3 点画圆来进行绘制，需要用三次捕捉切点的命令即可绘制完成。

【课堂练习】

绘制如图 2-3-7 所示图形。

2.3.1.4 圆环

圆环是填充环或实体填充圆，即带有宽度的闭合多段线。圆环的命令没有显示在"绘图"工具栏中，要通过"绘图"菜单来

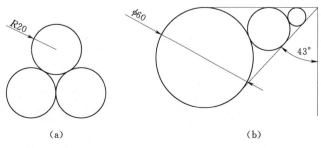

图 2-3-7 课堂练习

调用或者在命令行输入命令绘制圆环。

执行"圆环"命令的方法有 3 种：

（1）选择"绘图"菜单→"圆环"命令。

（2）在命令行中输入"DONUT"或快捷键"DO"。

（3）在"二维草图与注释"工作空间模型下选择"圆环"命令按钮◎。

命令及提示：

命令:donut
指定圆环的内径 <0.5000>:　　　　（输入圆环的内径值或通过给定两点间的距离为内径值）
指定圆环的外径 <1.0000>:　　　　（输入圆环的外径值或通过给定两点间的距离为外径值）
指定圆环的中心点或<退出>:　　　　（在绘图窗口单击指定圆环的中心位置）

【注意】

（1）在输入圆环内外径值时，内径值可以大于外径值，当内径值大于外径值时，系统自动将数值大的值作为外径，数值小的为内径，但是外径值不能为 0。当圆环的内径值等于 0 时，绘制的图形为有轮廓线的圆或实心圆；当圆环的内径外径相等时，绘制的图形为圆。绘制过程中，用户可以在不同位置指定多个圆环的中心点进行连续绘制，直到按 Enter 键或单击鼠标右键，或按 Esc 键结束命令。

（2）圆环内部的填充方式取决于 FILLMODE 或 FILL 命令的当前设置。当 FILLMODE＝0 或 FILL 的值为 OFF 时，不填充；当 FILLMODE＝1 或 FILL 的值为 ON 时，填充。

【课堂练习】

绘制如图 2－3－8 所示图形。

FILL=OFF　　　　　　　　　　　　FILL=ON

图 2－3－8　课堂练习

2.3.1.5　圆弧

圆弧命令可以用来绘制弧形轮廓线。AutoCAD 中提供了 11 种绘制圆弧的方式，这些方式是根据起点、圆心、终点、方向、包含角、弦长等控制点或数据来制定的。

执行"圆弧"命令的方法有 4 种：

（1）选择"绘图"菜单→"圆弧"，如图 2－3－9 所示。

（2）单击"绘图"工具栏中的"圆弧"按钮。

（3）在命令行中输入"ARC"或快捷键"A"。

（4）在"二维草图与注释"工作空间模型下选择"圆弧"命令按钮。

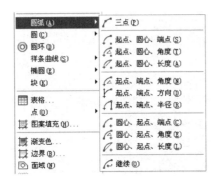

图 2－3－9　绘制圆弧

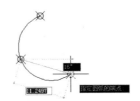

图 2－3－10　三点绘制圆弧

命令及提示：

（1）三点绘制圆弧（见图 2-3-10）。

命令:_arc 指定圆弧的起点或［圆心(C)］:　　　　（指定圆弧的起点）
指定圆弧的第二个点或［圆心(C)/端点(E)］:　　　（指定圆弧的经过点）
指定圆弧的端点:　　　　　　　　　　　　　　　（指定圆弧的端点）

【注意】

用三点法绘制圆弧时，圆弧始终会按照起点、经过点、终点的顺序进行绘制，由于点的位置的不同，所绘制出来的圆弧会有所差异。

（2）起点、圆心、端点绘制圆弧（见图 2-3-11）。

命令:
ARC 指定圆弧的起点或［圆心(C)］:　　　　　　（指定圆弧的起点）
指定圆弧的第二个点或［圆心(C)/端点(E)］:c　　（指定圆弧的圆心）
指定圆弧的端点或［角度(A)/弦长(L)］:　　　　（指定圆弧的端点）

【注意】

用此法绘制圆弧时，圆弧始终都按照起点到终点的逆时针顺序进行绘制。

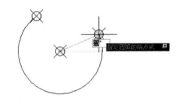

图 2-3-11　起点、圆心、端点绘制圆弧　　　图 2-3-12　起点、圆心、角度绘制圆弧

（3）起点、圆心、角度绘制圆弧（见图 2-3-12）。

命令:_arc 指定圆弧的起点或［圆心(C)］:　　　　（指定圆弧的起点）
指定圆弧的第二个点或［圆心(C)/端点(E)］:_c　（指定圆弧的圆心）
指定圆弧的端点或「角度(A)/弦长(L)］:_a　　　（指定圆弧所对的圆心角的度数）

【注意】

用此法绘制圆弧时，按照顺序输入圆弧的起点、圆心和角度即可。若角度为正值，圆弧按照逆时针方向绘制；若角度为负值，圆弧按照顺时针方向绘制。

（4）起点、圆心、长度绘制圆弧（见图 2-3-13）。

命令:_arc 指定圆弧的起点或［圆心(C)］:　　　　（指定圆弧的起点）
指定圆弧的第二个点或［圆心(C)/端点(E)］:_c　（指定圆弧的圆心）
指定圆弧的端点或［角度(A)/弦长(L)］:_l　　　（指定圆弧所对的弦长）

【注意】

用此方法绘制圆弧时，按起点、圆心、弦长的顺序输入。此圆弧始终从起点开始绕圆心按逆时针方向绘制圆弧，若弦长为正值，绘制圆心角小于 180°的圆弧；若弦长为负值，绘制圆心角大于 180°的圆弧。

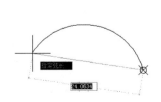　　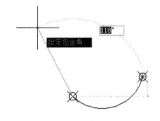

图 2-3-13　起点、圆心、长度绘制圆弧　　　图 2-3-14　起点、端点、角度绘制圆弧

（5）起点、端点、角度绘制圆弧（见图 2-3-14）。

命令：_arc 指定圆弧的起点或［圆心(C)］：　　　　　　　　　（指定圆弧的起点）
指定圆弧的第二个点或［圆心(C)/端点(E)］：_e　　　（选择捕捉圆弧的端点的方式进行绘制）
指定圆弧的端点　　　　　　　　　　　　　　　　　（指定圆弧的端点）
指定圆弧的圆心或［角度(A)/方向(D)/半径(R)］：_a（指定圆弧所对的圆心角的度数）

【注意】

用此方法绘制圆弧时，依次给定圆弧的起点、端点和角度。若圆心角为正，从起点到端点按逆时针方向绘制圆弧；若圆心角为负，从起点到端点按顺时针方向绘制圆弧。

（6）起点、端点、方向绘制圆弧（见图 2-3-15）。

命令：_arc 指定圆弧的起点或［圆心(C)］：　　　　　　　　　　　（指定圆弧的起点）
指定圆弧的第二个点或［圆心(C)/端点(E)］：_e　　　　　　　　（指定圆弧的端点）
指定圆弧的圆心或［角度(A)/方向(D)/半径(R)］：_d 指定圆弧的起点切向：（指定起点切线方向）

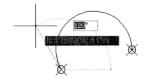

图 2-3-15　起点、端点、
方向绘制圆弧

【注意】

用此方法绘制圆弧时，由圆弧起点引出的与圆弧相切的直线方向，用户可输入角度来确定，也可直接点鼠标进行确认。

（7）起点、端点、半径绘制圆弧（见图 2-3-16）。

命令：_arc 指定圆弧的起点或［圆心(C)］：　　　　　　　　　　　（指定圆弧的起点）
指定圆弧的第二个点或［圆心(C)/端点(E)］：_e　　　　　　　　（指定圆弧的端点）
指定圆弧的圆心或［角度(A)/方向(D)/半径(R)］：_r 指定圆弧的半径：（指定圆弧的半径）

【注意】

用此方法绘制圆弧时，圆弧始终从起点开始绕圆心按逆时针方向绘制圆弧，若半径为正值，绘制圆心角小于 180°的圆弧；若半径为负值，绘制圆心角大于 180°的圆弧。

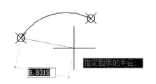

图 2-3-16　起点、端点、
半径绘制圆弧

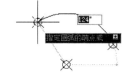

图 2-3-17　圆心、起点、端点
绘制圆弧

（8）圆心、起点、端点绘制圆弧（见图 2-3-17）。

命令：_arc 指定圆弧的起点或［圆心(C)］：_c 指定圆弧的圆心：　　（指定圆弧的圆心）
指定圆弧的起点：　　　　　　　　　　　　　　　　（指定圆弧的起点）
指定圆弧的端点或［角度(A)/弦长(L)］：　　　　　（指定圆弧的端点）

【注意】

此方法与"起点、圆心、端点"输入的顺序不同，参数相同。

（9）圆心、起点、角度绘制圆弧（见图 2-3-18）。

命令：_arc 指定圆弧的起点或［圆心(C)］：_c 指定圆弧的圆心：　　（指定圆弧的圆心）
指定圆弧的起点：　　　　　　　　　　　　　　　　（指定圆弧的起点）
指定圆弧的端点或［角度(A)/弦长(L)］：_a 指定包含角：　　（指定圆弧所对的圆心角）

【注意】

此方法与"起点、圆心、角度"的输入顺序不同，参数相同。

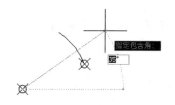

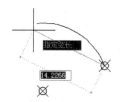

图 2-3-18　圆心、起点、
角度绘制圆弧

图 2-3-19　圆心、起点、
长度绘制圆弧

（10）圆心、起点、长度绘制圆弧（见图 2-3-19）。

命令：_arc 指定圆弧的起点或 [圆心(C)]：_c 指定圆弧的圆心：　　　（指定圆弧所对的圆心）
指定圆弧的起点：　　　　　　　　　　　　　　　　　　　　　（指定圆弧的起点）
指定圆弧的端点或 [角度(A)/弦长(L)]：_l 指定弦长：　　　　　　（指定圆弧所对的弦长）

【注意】

此方法与"起点、圆心、长度"的输入顺序不同，参数相同。

（11）继续绘制圆弧（见图 2-3-20）。

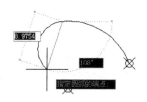

命令：_arc 指定圆弧的起点或 [圆心(C)]：　　　（自动以上段弧的终点为本段弧的起点）
指定圆弧的端点：　　　　　　　　　　　　　　（指定圆弧的端点）

【注意】

此方法适用于已经划出直线、圆弧或多段线之后再绘制一个与该直线、圆弧或多段线按相切关系连接的圆弧。实际上，这是"起点、端点、方向"的特例。用此种方法绘制圆弧时，会以前面绘制对象的终点为本段圆弧的起点和起点的切线方向，此时只需再给定一个端点即可。

图 2-3-20　继续绘制
圆弧

【课堂练习】

绘制如图 2-3-21 所示图形。

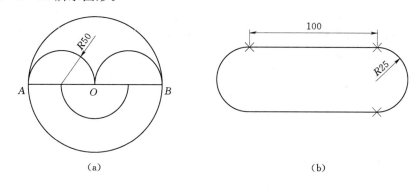

(a)　　　　　　　　　　　　　　　　　　(b)

图 2-3-21　课堂练习

2.3.1.6　椭圆

椭圆命令用于绘制椭圆或椭圆弧。执行"椭圆"命令的方法有 4 种：

（1）选择"绘图"菜单→"椭圆"或"椭圆弧"命令，如图 2-3-22 所示。
（2）单击"绘图"工具栏中的"椭圆"按钮 ⬭ 或"椭圆弧"按钮 ⬯。
（3）在命令行中输入"ELLIPSE"或快捷键"EL"。
（4）在"二维草图与注释"工作空间模型下选择"椭圆"或"椭圆弧"命令按钮。

命令及提示：

（1）绘制椭圆。

命令：_ellipse
指定椭圆的轴端点或 [圆弧(A)/中心点(C)]：　　　（指定椭圆第一条轴的起点或输入选项）

指定轴的另一个端点：　　　　　　　　　　（指定第一条轴的长度）

指定另一条半轴长度或［旋转(R)］：　　　　（指定另一条半轴的长度或输入 R 对椭圆旋转）

（2）绘制椭圆弧（见图 2 - 3 - 22）。

命令：_ellipse

指定椭圆的轴端点或［圆弧(A)/中心点(C)］：_a　　（指定椭圆弧命令）

指定椭圆弧的轴端点或［中心点(C)］：　　　　　（先用绘制椭圆的方法绘制椭圆的轮廓）

指定轴的另一个端点：

指定另一条半轴长度或［旋转(R)］：

指定起始角度或［参数(P)］：　　　　　　　　（指定椭圆弧的旋转起始角度或参数 P）

指定终止角度或［参数(P)/包含角度(I)］：　　　（指定椭圆弧的旋转终止角度或参数 P 或从起始角度起包含的角度）

图 2 - 3 - 22　绘制椭圆弧

说明

- 圆弧（A）：绘制椭圆弧。
- 中心点（C）：指定椭圆的几何中心点来绘制椭圆。用此种方法绘制椭圆，中心点为两条轴的交点，用户只需依次指定两条轴的半轴长即可。
- 旋转（R）：通过绕第一条轴旋转的角度来确定另一条轴的长度绘制椭圆。这个角度值介于 0～89.4 之间。值越大，椭圆的离心率就越大，当输入的值为 0 时，绘制特殊的椭圆为圆。

- 参数（P）：以矢量参数方程式来计算椭圆弧的端点角度。
- 包含（I）：指所创建的椭圆弧从起始角度开始的包含角度值。

【注意】

（1）在绘制椭圆的过程中，若轴在平行于 X 轴或 Y 轴的直线上，可打开正交，直接输入轴或半轴的长度。在输入轴长或半轴长度时，输入数值的大小与先后无关。

（2）系统变量 Pellipse 控制使用椭圆命令创建对象时，当 Pellipse＝0，为缺省值，表示打开状态，绘制的椭圆是真的椭圆；当 Pellipse＝1 时，为打开状态，绘制的椭圆对象由多段线组成。

【课堂练习】

绘制如图 2 - 3 - 23 所示图形。

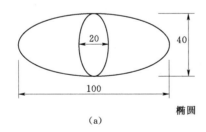

椭圆

（a）

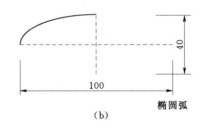

椭圆弧

（b）

图 2 - 3 - 23　课堂练习

2.3.1.7　多段线

多段线由若干条连续相连的等宽或不等宽的直线和圆弧组成，这些相连的直线和圆弧是一个独立的对象，可同时对其进行编辑。

执行"多段线"命令的方法有 4 种：

（1）选择"绘图"菜单→"多段线"命令。

（2）单击"绘图"工具栏中"多段线"按钮 。

（3）在命令行中输入"PLINE"或快捷键"PL"。

（4）在"二维草图与注释"工作空间模型下选择"多段线"命令按钮。

命令及提示：

命令：_pline

指定起点：　　　　　　　　　　　　　　　　　　　（指定多段线起点）

当前线宽为 0.0000　　　　　　　　　　　　　　　（当前线宽，默认为 0）

指定下一个点或［圆弧(A)/半宽(H)/长度(L)/放弃
(U)/宽度(W)］：　　　　　　　　　　　　　　　　（指定多段线的下一点或选择参数）

指定下一点或［圆弧(A)/闭合(C)/半宽(H)/长度(L)/
放弃(U)/宽度(W)］：a　　　　　　　　　　　　　（选择参数 A 开始绘制圆弧）

指定圆弧的端点或
［角度(A)/圆心(CE)/闭合(CL)/方向(D)/半宽(H)/直线　（指定圆弧的端点，或选择以其他方式绘制圆弧或
(L)/半径(R)/第二个点(S)/放弃(U)/宽度(W)］：　　　选择参数进行设置）

指定圆弧的端点或［角度(A)/圆心(CE)/闭合(CL)/方
向(D)/半宽(H)/直线(L)/半径(R)/第二个点(S)/放弃
(U)/宽度(W)］：　　　　　　　　　　　　　　　　（指定下一段圆弧的端点或选择参数）

说明

· 圆弧（A）：在命令行输入"A"，进入画圆弧模式。其绘制方法与之前的绘制圆弧的方法相同。其中 W 为线宽，可以设置圆弧的起始和终止线宽；可以选择绘制圆弧的方式，与此前提到的绘制圆弧的方法一致；L 选项表示绘图将从绘制圆弧转换到绘制直线。

· 闭合（C）：表示用多段线的最后一次设置将多段线的起点和终点进行连接，形成一个封闭的多段线。

· 半宽（H）：指定从多段线线段的中心到其一边的宽度值。

· 长度（L）：定义下一多段线的长度。若多段线在绘制直线的过程中输入 L，则表示将要绘制的直线段在此直线的延长线方向绘制长度为 L 的直线段；若多段线在绘制圆弧的过程中输入 L，则表示在圆弧端点的切线方向上绘制长度为 L 的直线段。

· 放弃（U）：取消最后绘制的一段线，可以输入多次，直到取消最后一段线。

· 宽度（W）：可以给多段线设置一个或多个宽度，是半宽的 2 倍。

【注意】

(1) 多段线设置线宽后，也有填充与否的问题。当 FILL＝1 时，填充，FILL＝0 时，不填充。

(2) 绘制带宽度的多段线时，通常以多段线宽度中心轴线上点的坐标为准。

【课堂练习】

绘制如图 2－3－24 所示图形。

2.3.1.8　样条曲线

样条曲线是通过或接近给定点绘制的平滑曲线，可以用样条曲线绘制断裂处的边界线、局部剖面的分界线等。

执行"样条曲线"命令的方法有 4 种：

(1) 选择"绘图"菜单→"样条曲线"命令。

(2) 单击"绘图"工具栏中"样条曲线"按钮 ～。

(3) 在命令行中输入"SPLINE"或快捷键"SPL"。

(4) 在"二维草图与注释"工作空间模型下选择"样条曲线"命令按钮。

命令及提示：

(1) 命令：spl。

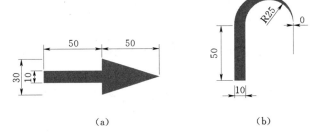

图 2－3－24　课堂练习

SPLINE

当前设置:方式＝拟合　节点＝弦　　　　　　　　　（用拟合点来绘制样条曲线）

指定第一个点或［方式(M)/节点(K)/对象(O)］：　　（确定样条曲线上的第一点，即第一拟合点，为默认，
　　　　　　　　　　　　　　　　　　　　　　　　或选择绘制的方式等其他选项）

输入下一个点或［起点切向(T)/公差(L)］：　　　　（确定下一点或确定起点切线方向或公差值）

输入下一个点或［端点相切(T)/公差(L)/放弃(U)/闭合(C)］：（确定下一点或端点切线方向或其他选项）

（2）命令：spl。

SPLINE
当前设置:方式＝控制点　阶数＝3　　　　　（通过指定控制点来绘制样条曲线）
指定第一个点或［方式(M)/阶数(D)/对象(O)］:（确定样条曲线上的第一点,即第一拟合点,
　　　　　　　　　　　　　　　　　　　　　　为默认,或选择绘制的方式等其他选项）

输入下一个点:
输入下一个点或［闭合(C)/放弃(U)］:

说明

- 方式（M）：选择绘制样条曲线的方式,分别为拟合和控制点。
- 节点（K）：控制样条曲线通过拟合点时的形状。
- 阶数（D）：用于设置样条曲线的控制阶数。
- 对象（O）：将拟合多段线转换成等价的样条曲线并删除多段线（取决于系统变量 DELOBJ 的设置）。
- 起点切向（T）：确定样条曲线起点处的切线方向。
- 公差（L）：用于控制样条曲线对数据点的接近程度。公差值越小,样条曲线与拟合点越接近;公差为零,样条曲线通过该点。
- 端点相切（T）：确定样条曲线端点处的切线方向。
- 放弃（U）：放弃上一点的操作。
- 闭合（C）：将首尾两点连接闭合,结束绘制。

【注意】

可以通过拟合或控制点这两种方法在 AutoCAD 中创建样条曲线。其效果都是控制曲线的平滑度。

【课堂练习】

绘制如图 2-3-25 和图 2-3-26 所示图形。

图 2-3-25　拟合点

图 2-3-26　控制点

2.3.2　编辑修改命令的使用（复制、镜像、移动、阵列、偏移、修剪、圆角、倒角、拉长、对象恢复）

在 AutoCAD 中,基本的绘图命令可以将图形一一进行绘制,为了加快绘图速度,也为了使用户在修改图形时的操作更加快速便捷,AutoCAD 还提供了强大的编辑功能,下面我们来一一认识。

2.3.2.1　复制

用复制命令对已有对象创建一个或多个副本。

执行"复制"命令的方法有 3 种：

（1）选择"修改"菜单→"复制"命令。

（2）单击"修改"工具栏中"复制"按钮。

（3）在命令行中输入"COPY"或快捷键"CO"、"CP"。

命令及提示：

命令:_copy
选择对象:指定对角点:找到1个　　　　　　（选择对象）
选择对象:　　　　　　　　　　　　　　　　（选择完毕,回车键确认）
指定基点或［位移(D)］<位移>:指定第二个点或 <使用第一个点作为位移>:
指定第二个点或［退出(E)/放弃(U)］<退出>:

说明

- 选择对象：选择要复制的对象。
- 位移（D）：复制对象距离源对象的距离。
- 退出（E）：退出复制命令。
- 放弃（U）：放弃前面的操作。

【注意】

此复制命令与编辑菜单中的复制功能不同，前者的复制可以将选定的对象在原文件中任意的复制；而后者是将对象复制到粘贴板上，再通过粘贴命令完成复制。

【课堂练习】

按照如图 2－3－27 所示进行复制。

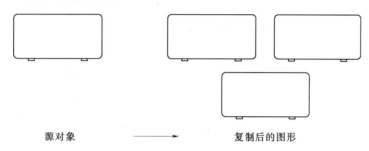

源对象 ——————→ 复制后的图形

图 2－3－27   课堂练习

2.3.2.2 镜像

镜像命令可以将当前作图平面上将选定的对象进行镜像复制。

执行"镜像"命令的方法有 3 种：

（1）选择"修改"菜单→"镜像"命令。

（2）单击"修改"工具栏中"镜像"按钮 。

（3）在命令行中输入"MIRROR"或快捷键"MI"。

命令及提示：

命令:_mirror

选择对象:指定对角点:找到1个　　　　　　（选择要镜像的对象）

选择对象:　　　　　　　　　　　　　　　（对所选择的对象按回车键确认）

指定镜像线的第一点:指定镜像线的第二点:　（指定镜像的镜面所在直线）

要删除源对象吗？[是(Y)/否(N)]<N>:　　　（选择是否删除源对象）

说明

- 选择对象：用鼠标点选或框选要镜像的对象，按回车键确认。
- 指定镜像线：指定镜像镜面所在直线。
- 是否删除源对象：选择是，则删除源对象，保留镜像后的图形；选择否，保留源对象和镜像后的图形。

【注意】

当镜像的对象中含有文本时，系统变量 MIRRTEXT＝1 时，文本关于对称面为镜面对称图形，当 MIRRTEXT＝0 时，文本内容不做镜像，只是源文本与镜像后的文本到镜面的距离相等。

【课堂练习】

按照如图 2－3－28 所示进行镜像。

2.3.2.3 移动

移动命令可改变选定对象的位置，需要指定位移和方向。

执行"移动"命令的方法有 3 种：

（1）选择"修改"菜单→"移动"命令。

（2）单击"修改"工具栏中"移动"按钮 。

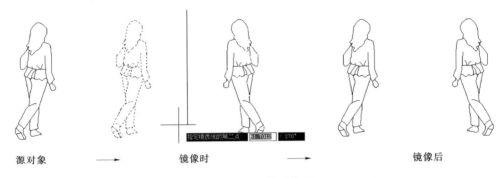

源对象   →   镜像时   →   镜像后

图 2-3-28   课堂练习

（3）在命令行中输入"MOVE"或快捷键"M"。

命令及提示：

命令:_move

选择对象:指定对角点:找到1个   （选择对象）

选择对象: （选择完毕,回车键确认）

指定基点或［位移(D)］＜位移＞:指定第二个点或 ＜使用第一个点作为位移＞:   （指定位移）

说明

- 选择对象：选择要移动的对象。
- 位移（D）：移动的对象距离源对象的距离。当单击鼠标确定位移的时候，命令自动退出。

【注意】

移动命令是将对象的位置做改变，形状和大小不做改变。移动时，需要指定新的坐标或捕捉移动的距离和方向。

【课堂练习】

按照如图 2-3-29 所示进行移动。

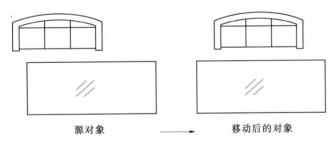

源对象   →   移动后的对象

图 2-3-29   课堂练习

2.3.2.4 阵列

阵列命令将选定的对象复制为矩形阵列或环形阵列。矩形阵列需指定行偏移和列偏移后，对象按照"行"和"列"的方式排列；环形阵列则沿着圆周绕指定的中心在指定角度内依次排列。

执行"阵列"命令的方法有 3 种：

（1）选择"修改"菜单→"阵列"命令。

（2）单击"修改"工具栏中"阵列"按钮⊞。

（3）在命令行中输入"ARRAY"或快捷键"AR"。

1."矩形阵列"的操作

执行阵列命令后，在选项中选择"矩形阵列"选项，如图 2-3-30 所示。

说明

- 选择对象：单击此按钮，选择要阵列的对象。
- 行和列：矩形阵列的行数和列数。
- 行偏移和列偏移：输入两行之间的偏移值和两列之间的偏移值，也可以单击按钮拾取距离。
- 阵列角度：输入阵列的角度，或拾取两点连线与水平方向的夹角为阵列角度。
- 预览与完成：单击"预览"按钮，则进入预览状态，若阵列效果不符合要求，单击"修改"按钮返回阵列对话框修改设置，直至满意为止。若满意，可单击"接受"按钮，操作结果如图 2-3-31 所示。

图 2-3-30　阵列命令　　　　　　　　　　图 2-3-31　阵列命令

【注意】

当行列偏移值为 0 时，行列不偏移。若行偏移为正，向上阵列，若输入的行偏移值为负，向下阵列；若输入的列偏移为正，向右阵列，若输入的列偏移为负，向左阵列；若输入的阵列角度为正，逆时针斜向阵列，若输入的阵列角度为负，顺时针斜向阵列。

【课堂练习】

按照如图 2-3-32 所示进行阵列。

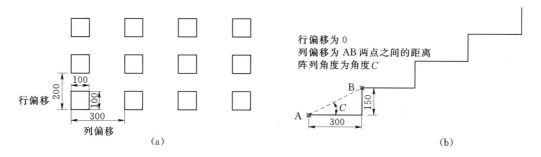

图 2-3-32　课堂练习

2. "环形阵列"的操作

执行阵列命令后，在选项中选择"环形阵列"选项，如图 2-3-33 所示。

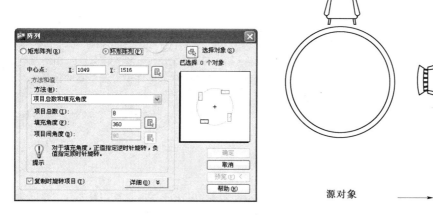

图 2-3-33　"环形阵列"选项卡　　　　　图 2-3-34　环形阵列

说明

· 选择对象：单击此按钮，选择要阵列的对象。

· 中心点：输入环形阵列的中心或单击按钮拾取阵列的中心。

· 方法和值：有项目总数、填充角度和项目间角度三个选项，可以任选两个组合在一起进行输入，最终确定环形阵列的项目和角度。

- 是否复制时旋转项目：选择该选项，对象在阵列时自身旋转，否则不旋转。
- 预览与完成：与矩形阵列相同，操作结果如图2-3-34所示。

【注意】

环形阵列中，若输入的填充角度为正，逆时针阵列；若输入的填充角度为负，顺时针阵列。

【课堂练习】

按照如图2-3-35所示进行阵列。

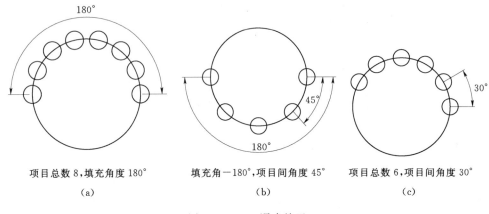

项目总数8，填充角度180°　　填充角-180°，项目间角度45°　　项目总数6，项目间角度30°

(a)　　　　　　　　　　　　(b)　　　　　　　　　　　　(c)

图2-3-35　课堂练习

2.3.2.5　偏移

偏移命令可以将选定的对象按照指定距离或通过点的方式对图形进行复制。

执行"偏移"命令的方法有3种：

(1) 选择"修改"菜单→"偏移"命令。

(2) 单击"修改"工具栏中"偏移"按钮。

(3) 在命令行中输入"OFFSET"或快捷键"O"。

命令及提示：

命令：_offset

当前设置：删除源＝否　图层＝源　OFFSETGAPTYPE＝0

指定偏移距离或[通过(T)/删除(E)/图层(L)]〈通过〉：

说明

- 偏移距离：指定对象偏移的距离。此选项为默认选项，输入数值后回车，选择源对象，再选择对象偏移的方向。无论鼠标点的近或远，距离不变。
- 通过（T）：指定对象按鼠标指定的通过点偏移对象。此选项选定后，选择源对象，再单击偏移到的位置。
- 删除（E）：表示在偏移的时候删除源对象，保留偏移后的图形。此选项需在偏移目标前选择。
- 图层（L）：选择此选项后，有两个选择，分别为"当前（C）"和源"（S）"，分别表示将选定的对象偏移到当前层（当前用户绘图所在的层）或源层（被选定的对象所在的层）。

【注意】

(1) 偏移命令一次只能对一个对象进行选取并偏移。

(2) 对于直线、构造线、射线等对象，偏移时将平行复制，直线的长度不变；对于圆、圆弧、矩形、正多边形、多段线等对象，偏移时将同心复制，偏移前后的各个对象具有同一个圆心、中心点或参考点。

【课堂练习】

按照如图2-3-36和图2-3-37所示进行偏移。

2.3.2.6　修剪

修剪命令可以将一个或多个对象作为边界，并对其余对象进行修剪，使其止于边界。

执行"修剪"命令的方法有3种：

图 2-3-36 按照距离方式偏移对象

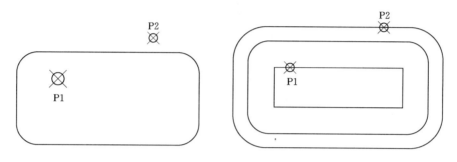

图 2-3-37 按照通过点偏移对象

（1）选择"修改"菜单→"修剪"命令。

（2）单击"修改"工具栏中"修剪"按钮╱┅。

（3）在命令行中输入"TRIM"或快捷键"TR"。

命令及提示：

命令：
TRIM
当前设置：投影＝UCS,边＝无
选择剪切边...
选择对象或〈全部选择〉：指定对角点：找到两个　　　　　　　　　　　（选择要修剪的对象或全选）
选择对象：　　　　　　　　　　　　　　　　　　　　　　　　　（按回车键确认选择）
选择要修剪的对象,或按住 Shift 键选择要延伸的对象,或
[栏选(F)/窗交(C)/投影(P)/边(E)/删除(R)/放弃(U)]：　　　（选择要修剪的对象或选择其他参数）

说明

• 栏选（F）：是一种批量修剪。可以用鼠标以画直线的方式与某些对象有交集,则这些部分被修剪掉。

• 窗交（C）：是一种批量修剪。表示用鼠标以对角线方式拉出一个矩形框,这个矩形框只要和对象有交集,则选择相交部分被修剪。

• 投影（P）：在三维空间中修剪或延伸。在三维空间中,可以修剪对象或将对象延伸到其他对象,而不必考虑对象是否在同一个平面上,或对象是否平行于剪切或边界的边。

• 边（E）：当命令调用为延伸模式时,边延伸。

• 删除（R）：选择此命令后,选择的对象都被删除。

• 放弃（U）：放弃之前的选择。

【注意】

（1）修剪命令和延伸命令在执行的过程中,可以用 Shift 键在二者之间切换。

（2）对于要修剪的对象,可以单击选择,也可以框选选择。

【课堂练习】

按照如图 2-3-38 所示进行修剪。

2.3.2.7　圆角

圆角命令可将对象按照指定半径的圆弧连接两个对象。

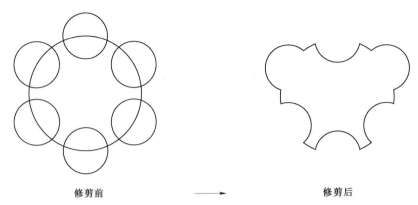

修剪前 ——→ 修剪后

图 2－3－38　课堂练习

执行"圆角"命令的方法有 3 种：

（1）选择"修改"菜单→"圆角"命令。

（2）单击"修改"工具栏中"圆角"按钮。

（3）在命令行中输入"FILLET"或快捷键"F"。

命令及提示：

命令：_fillet

当前设置：模式 = 修剪,半径 = 0.0000

选择第一个对象或［放弃(U)/多段线(P)/半径(R)/修剪(T)/多个(M)］：r　　　（选择要倒圆角的参数）

指定圆角半径〈90.0000〉：100　　　（指定倒圆角半径值）

选择第一个对象或［放弃(U)/多段线(P)/半径(R)/修剪(T)/多个(M)］：　　　（选择一条边）

选择第二个对象,或按住 Shift 键选择要应用角点的对象：　　　（选择另一条边）

说明

• 放弃（U）：放弃上一步的选择操作。

• 多段线（P）：对多段线进行倒圆角。

• 半径（R）：给定倒圆角的半径值倒角。

• 修剪（T）：设定模式为修剪模式,修剪模式状态下,倒圆角时会自动对边进行修剪或补齐,反之则只增加倒圆角,不改变原图形。

• 多个（M）：选择此项,可同时对多个角进行倒圆角。

【注意】

（1）在对图形进行倒圆角时,应先设定好倒圆角的方式和具体数值再进行倒圆角。若对两条不相交也不平行的直线倒圆角,当圆角半径为 0 时,两条直线相交。

（2）当对图形进行倒圆角命令时,对指定对象单击的位置不同,其结果完全不同。

【课堂练习】

按照如图 2－3－39 所示进行倒圆角。

2.3.2.8　倒角

倒角命令可将相交或不相交直线、多段线、圆弧等按照距离或角度方式进行倒角。

执行"倒角"命令的方法有 3 种：

（1）选择"修改"菜单→"倒角"命令。

（2）单击"修改"工具栏中"倒角"按钮。

（3）在命令行中输入"CHAMFER"或快捷键"CHA"。

命令及提示：

倒角前

倒角后

图 2－3－39　课堂练习

命令：_chamfer

（"修剪"模式)当前倒角距离 1 ＝ 0.0000，距离 2 ＝ 0.0000

选择第一条直线或 [放弃(U)/多段线(P)/距离(D)/角度(A)/修剪(T)/方式(E)/多个(M)]：d　　　（选择要倒角的参数）

指定第一个倒角距离 〈10.0000〉：60　　　　　　　　　　　　　　　　　（给定第一个倒角距离）

指定第二个倒角距离 〈60.0000〉：100　　　　　　　　　　　　　　　　（给定第二个倒角距离）

选择第一条直线或 [放弃(U)/多段线(P)/距离(D)/角度(A)/修剪(T)/方式(E)/多个(M)]：　　（选择第一个边）

选择第二条直线，或按住 Shift 键选择要应用角点的直线：　　　　　　　　（选择第二个边）

说明

- 放弃（U）：放弃上一步的选择操作。
- 多段线（P）：对多段线进行倒角。
- 距离（D）：按照距离方式倒角，可以设定两个距离。
- 角度（A）：按照角度方式倒角，需要输入距离和角度，角度为由倒角距离所在边的起点向另外一条边所在方向旋转的夹角。
- 修剪（T）：设定模式为修剪模式，修剪模式状态下，倒角时会自动对边进行修剪或补齐，反之则只增加倒角，不改变原图形。
- 方式（E）：此选项可以设定修剪模式为距离方式或角度方式。
- 多个（M）：选择此项，可同时对多个角进行倒角。

【注意】

在对图形进行倒角时，应先设定好倒角的方式和具体数值再进行倒角。

【课堂练习】

按照如图 2 - 3 - 40 所示进行倒角。

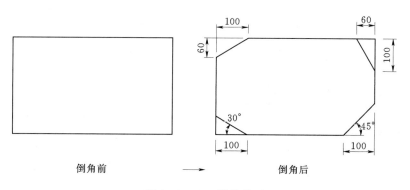

图 2 - 3 - 40　课堂练习

2.3.2.9　拉长

拉长命令按照指定距离、百分数、最终长度或动态的方式对直线或圆弧拉长或缩短。

执行"拉长"命令的方法有 3 种：

（1）选择"修改"菜单→"拉长"命令。

（2）单击"修改"工具栏中"拉长"按钮 。

（3）在命令行中输入"LENGTHEN"或快捷键"LEN"。

命令：len

LENGTHEN

选择对象或 [增量(DE)/百分数(P)/全部(T)/动态(DY)]：

说明

- 增量（DE）：输入对象增加的增量值。
- 百分数（P）：输入拉长后对象为拉长前对象的百分比数值。
- 全部（T）：拉长后对象的新长度值。
- 动态（DY）：动态的改变对象的长度，用鼠标拖动夹持点操作。

【注意】

（1）使用"拉长"命令，系统会默认从距离鼠标最近的一端开始延长或缩短源对象。

（2）增量延长的长度可正可负。正值时，实体被拉长；负值时，实体被缩短。

（3）百分数选项中百分数等于100％时，实体长度不发生变化；百分数小于100％时，实体被缩短；大于100％时，实体被拉长。

（4）选择"动态"选项，可根据需要对直线或圆弧沿原来方向任意拉长或缩短。

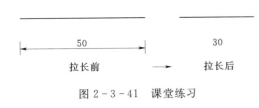

图 2-3-41　课堂练习

【课堂练习】

按照如图 2-3-41 所示进行拉长。

2.3.2.10　对象恢复

对象恢复命令是针对上一步操作的重做，有撤销和重做两种状态。用户可利用以下两种方式进行操作：

（1）单击常用工具栏中的按钮 ⬅ ▾ 或 ➡ ▾ 。

（2）利用键盘单击快捷键操作 Ctrl＋Z 或 Ctrl＋Y。

2.3.3　视图缩放（PAN、ZOOM）

2.3.3.1　视图的缩放

在绘图过程中，为了方便地进行对象捕捉和局部细节显示，需要使用缩放工具放大或缩小当前视图或局部，当绘制完成后，再使用缩放工具缩小图形来观察图形的整体效果。使用 Zoom 命令并不影响实际对象的尺寸大小。

执行"缩放"命令的方法有3种：

（1）用"视图"菜单缩放。打开"视图"菜单→选择"缩放"（见图 2-3-42）。

（2）利用工具栏按钮进行缩放。选择"标准"工具栏→【缩放】按钮 ✋🔍🔍🔍（见图 2-3-43）。

（3）命令行输入 Zoom（Z）（见图 2-3-44）。

图 2-3-42　菜单缩放

图 2-3-43　工具栏缩放

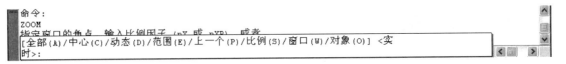

图 2-3-44　命令缩放

说明

• 全部（A）：将视图缩放到图形范围或图形界限两者中较大的区域。

• 中心（C）：可通过该选项指定缩放中心点和放大倍数，缩放后的图形将以指定点作为视窗中图形显示的中心点，按给定的缩放系数进行缩放。

• 动态（D）：对图形进行动态缩放，可以在一次操作中完成缩放和平移。

- 范围（E）：使当前视口中图形最大限度地充满整个屏幕，此时显示效果与图形界限无关。
- 上一个（P）：图形将恢复上一个视窗显示的图形，这种恢复最多可以按顺序恢复 10 个以前的图形。
- 比例（S）：可以放大或缩小当前视图，视图的中心点保持不变。执行此命令后，命令行提示："输入比例因子（nX 或 nXP）："，输入缩放的比例因子，如"2X"，并回车，屏幕上的图形就会放大 2 倍。
- 窗口（W）：分别指定矩形窗口的两个对角点，将框选的区域放大显示。
- 对象（O）：将所选对象充满全屏幕。
- 实时缩放：该选项为系统缺省项，输入缩放命令后，直接回车，鼠标会变成 ⊕。

【注意】

（1）放大 ⊕ 和缩小（O）⊖，都可以从视图菜单或缩放工具栏中进行选择，其功能分别是将图形放大一倍和将图形缩小一半。在进行放大和缩小时，放大图形的位置取决于当前图形的中心在视图中的位置。

（2）执行实时缩放命令时，按住鼠标左键，屏幕出现一个放大镜图标，移动放大镜图标即可实现即时动态缩放。按住鼠标左键，向下移动，图形缩小显示；向上移动，图形放大显示；水平左右移动，图形无变化。按下＜Esc＞键退出命令。

（3）通过滚动鼠标中键（滑轮）可实现缩放图形。除此之外，鼠标中键其他功能键见表 2－3－1。

表 2－3－1　　　　　　　　　　　鼠标中键（滑轮）操作功能描述

鼠标中键（滑轮）操作	功　能　描　述	鼠标中键（滑轮）操作	功　能　描　述
滚动滑轮	放大（向前）或缩小（向后）	按住滑轮按钮并拖动鼠标	实时平移（等同于 Pan 命令功能）
双击滑轮按钮	缩放到图形范围		

2.3.3.2　鸟瞰视图

执行"鸟瞰视图"命令的方法有两种：

（1）在"视图"菜单中选择"鸟瞰视图"（W）。

（2）在命令行输入命令：Dsviewer。

鸟瞰视图通常用来实时而快速地缩放当前视图和平移当前视图，它有一个与绘图窗口相对独立的窗口，但彼此的操作结果都将在两个窗口中同步显示（见图 2－3－45）。

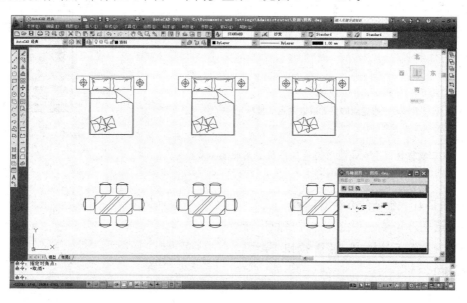

图 2－3－45　鸟瞰视图

2.3.3.3　平移

执行"平移操作"命令的方法有 3 种：

（1）利用"视图"菜单对视图进行平移。打开"视图"菜单→选择"平移"。

图 2-3-46　执行 Pan 命令时，
右击鼠标的快捷菜单

（2）利用工具栏按钮进行平移。选择"标准"工具栏→"缩放"按钮。

（3）在命令行输入命令：Pan（P）。

平移命令用于指定位移来重新定位图形的显示位置。在有限的屏幕大小中，显示屏幕外的图形时，使用 Pan 命令要比 Zoom 快很多，操作直观且简便。

操作过程中，单击鼠标右键显示快捷菜单，如图 2-3-46 所示，可直接切换为缩放、三维动态观察器、窗口缩放、缩放为原窗口和满屏缩放方式，这种切换方式称之为"透明命令"（透明指能在其他命令执行过程中执行的命令，透明命令前有一单引号）。

2.3.4　点的定距等分与定数等分

点是组成图形的最基本的元素，可用作捕捉和偏移对象时的辅助定位。点作为实体，同样具有实体的各种属性，而且可以被编辑。在 AutoCAD 中，可以通过"单点"、"多点"、"定数等分"和"定距等分"四种方法来创建点对象。

（1）点样式的设置。

点样式命令可以设置点的大小和样式。执行"点样式"命令的方法有两种：

1）选择"格式"菜单→"点样式"命令。

2）在命令行输入"DDPTYPE"。

执行该命令后，系统弹出如图 2-3-47 所示的"点样式"对话框。

用户可在系统提供的 20 种点样式中进行选择，选中样式后，再调整点的大小，单击确定保存设置。调整点大小的方式有两种，一为相对屏幕设置大小，此法以屏幕尺寸的百分比来显示点的大小；二为绝对单位设置大小，此法中的点将以点的实际大小来显示。

（2）绘制点。

绘制单点。

执行"绘制单点"命令的方法有两种：

1）选择"绘图"菜单→"点"→"单点"命令。

2）在命令行输入"POINT"或快捷键"PO"。

命令及提示：

命令：_point
当前点模式：PDMODE=0 PDSIZE=0.0000
指定点：　　　　　　　　（指定点的位置或输入点的坐标）

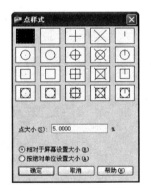

图 2-3-47　点样式的设置

【注意】

单点命令一次只能绘制一个点，绘制完毕则系统自动退出命令。

绘制多点。

执行"绘制多点"命令的方法有两种：

1）选择"绘图"菜单→"点"→"多点"命令。

2）单击"绘图"工具栏中"点"按钮 。

命令及提示：

命令：_point
当前点模式：PDMODE=0 PDSIZE=0.0000
指定点：　　　　　　　　（指定点的位置或输入点的坐标）

【注意】

多点命令可以连续的绘制多个点对象，直至按下键盘上的 Esc 键结束命令为止。

（3）定数等分。

定数等分命令将选定的对象平均分成若干等分，如线段、圆或圆弧等，并在等分点处设置标记点，如图2-3-48所示。执行"定数等分"命令的方法有两种：

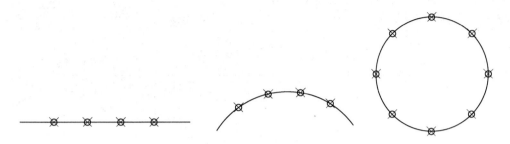

图2-3-48　定数等分

1）选择"绘图"菜单→"点"→"定数等分"命令。

2）在命令行输入命令"DIVIDE"或快捷键"DIV"。

命令及提示：

命令：_divide

选择要定数等分的对象：

输入线段数目或［块(B)］：

【注意】

在定数等分中，系统会以用户输入的等分数目对对象进行等分，并插入点，若想插入的对象为图块，则选择B，按回车键后输入块的名称进行插入，则原来等分点的位置被图块替代。

（4）定距等分。

定距等分命令用于在等分对象上，如线段、圆弧等，按照指定的等分距离设置标记点，如图2-3-49所示。

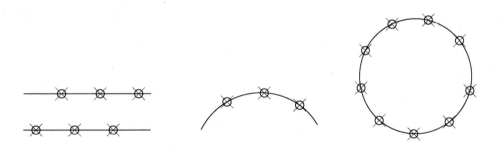

图2-3-49　定距等分

执行"定距等分"命令的方法有两种：

1）选择"绘图"菜单→"点"→"定距等分"命令。

2）在命令行输入命令"MEASURE"或快捷键"ME"。

命令及提示：

命令：_measure

选择要定距等分的对象：

指定线段长度或［块(B)］：

【注意】

在定距等分命令中，选择对象时，应注意选择的点与哪个端点的距离近。系统会在距离近的一边进行插入，直至不能继续插入定距等分点为止。圆形进行定距等分时，要满足两个等分点之间的弧长不能小于等分距离。

2.4 任 务 实 施

2.4.1 子任务一：住宅家具（二维图形）的绘制

住宅家具（二维图形）的绘制如图 2-4-1 和图 2-4-2 所示。

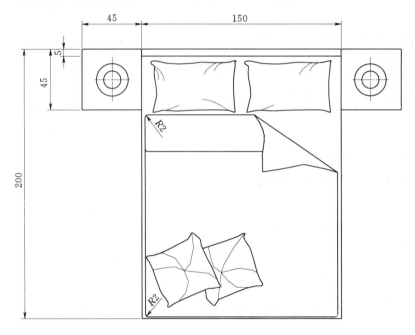

图 2-4-1 住宅家具

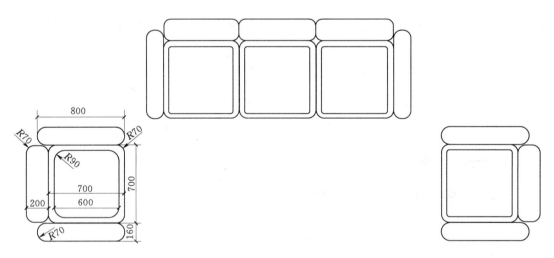

图 2-4-2 住宅家具

2.4.1.1 绘制床（见图 2-4-1）

1. 图形特点

（1）该图为左右对称图形，因此，在绘图时可绘制图中相同部分，然后复制或镜像即可。

（2）该图使用的绘图命令为直线、矩形、圆、多段线、样条曲线命令、倒圆角命令。

2. 方法与步骤

（1）绘制床头柜。

选择"矩形"命令绘图，尺寸为长 45mm、宽 45mm。以矩形的中心绘制半径适合的同心圆两个，半径自定，并以其圆心为起点，绘制一条水平的线段，在 360°内阵列 4 个。将绘制好的一个床头柜在水平向右间隔 1500mm 的位置上进行复制。如图 2-4-3 所示。

（2）绘制床。

1）选择"矩形"命令，以左侧床头柜的一边为起点绘制矩形，尺寸为长 1500mm、宽 2000mm，如图 2-4-4 所示。

2）用多段线命令绘制枕头和抱枕，并将其复制至合适的位置。

3）在适当的位置用矩形命令绘制被子，并用倒圆角和倒角命令对四个拐角进行倒角，数值自定，绘制结果如图 2-4-5 所示。

图 2-4-3 绘制床头柜

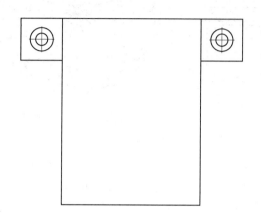

图 2-4-4 床绘制步骤 1

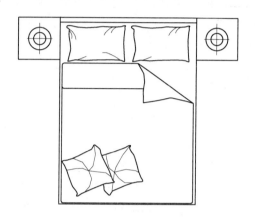

图 2-4-5 床绘制步骤 2

2.4.1.2 绘制沙发（见图 2-4-2）

1. 图形特点

（1）该图为左右对称图形，因此，在绘图时可绘制图中相同部分，然后复制或镜像即可。

（2）该图使用的绘图命令为直线、矩形、倒圆角命令。

2. 方法与步骤

（1）绘制沙发座。绘制圆角半径等于 70mm 的矩形，长和宽均为 700mm。将矩形向内偏移 50mm，利用倒圆角命令，将偏移后的矩形的内角都修改为半径等于 90mm 的圆弧，如图 2-4-6 所示。

（2）绘制扶手。捕捉到沙发座外侧矩形的左下角点，绘制圆角半径为 70mm 的矩形，长度等于 160mm，宽度等于 800mm。利用镜像命令，将此扶手复制至另一侧，如图 2-4-7 所示。

（3）绘制靠背。捕捉沙发座左外侧矩形的左上角点，绘制圆角半径等于 70mm 的矩形，长为 700mm，宽为 200mm。单人沙发绘制完毕，如图 2-4-8 所示。

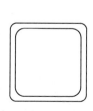

图 2-4-6 绘制沙发座

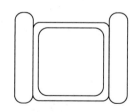

图 2-4-7 绘制扶手

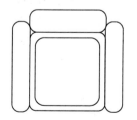

图 2-4-8 绘制靠背

（4）绘制沙发组。将单人沙发进行复制和旋转，得到沙发组，如图 2-4-9 所示。

2.4.2 子任务二：商业空间地面拼花及中式花格（二维图形）的绘制

2.4.2.1 地面拼花（见图 2-4-10）

1. 地面拼花特点

（1）该图为中心对称图形，因此，在绘图时可先绘制一个基础图形，然后阵列即可。

（2）该图使用的绘图命令为直线、圆、圆弧等命令。在绘制基础图形时，可利用定数等分将圆周等分成16等分，然后找到其中一个基础图形的位置进行绘制。

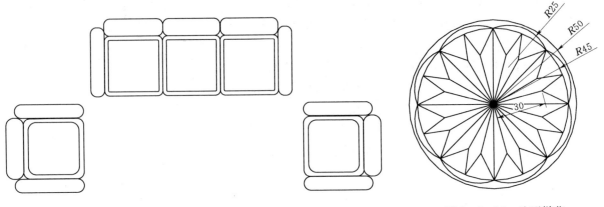

图2-4-9　绘制沙发组　　　　　　　　　　　图2-4-10　地面拼花

2. 方法与步骤

（1）选择"圆"命令绘制同心圆，半径分别为50mm和45mm，如图所示2-4-11所示。

（2）利用定数等分命令，将内部半径为45mm的圆进行定数等分，等分成16等分，改变点的样式，使其可见。设置极轴增量角为15°，选择"直线"命令，连接圆心与半径为45mm的圆的0°象限点。在15°方向和30°的方向上分别绘制长度为30mm的线段，如图2-4-12所示。

（3）用两条直线分别连接长度为30mm的线段的端点与在线段之间的等分点，连接15°方向的线段端点与0°象限点与内圆的交点，并用"镜像"命令将此线段镜像至下方，如图2-4-13所示。

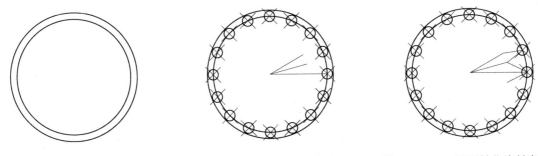

图2-4-11　地面拼花绘制步骤1　　图2-4-12　地面拼花绘制步骤2　　图2-4-13　地面拼花绘制步骤3

（4）对绘制好的中间部分进行阵列，选择环形阵列，阵列的数目为8个，角度为360°，删除16个等分节点，结果如图2-4-14所示。

（5）选择"圆弧"中的"起点、端点、半径"绘制圆弧。其中，圆弧的起点端点分别位于直线与半径为45的圆的0°交点处和45°交点处，如图2-4-15所示。

（6）选择已绘制好的圆弧进行阵列，阵列的角度为360°，阵列的数目为8个，效果如图2-4-16所示。

  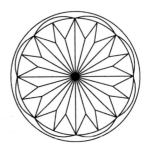

图2-4-14　地面拼花绘制步骤4　　　图2-4-15　地面拼花绘制步骤5　　　图2-4-16　最终效果

2.4.2.2 中式花格（见图2-4-17）

1. 中式花格特点

（1）该图为对称图形，且对称方式多样。因此，在绘图时可绘制其中一条线，然后偏移即可。

（2）该图使用的绘图命令为直线命令、偏移命令和修剪命令。

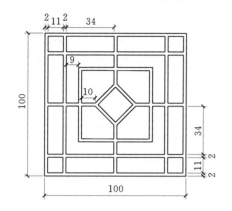

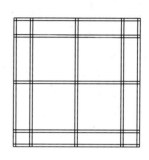

图2-4-17 中式花格　　　图2-4-18 中式花格绘制步骤1　　图2-4-19 中式花格绘制步骤2

2. 方法与步骤

（1）选择"直线"命令，绘制长和宽均为100mm的图形，如图2-4-18所示。

（2）利用"偏移"命令，依次对左边和上边的两条线段向内侧进行偏移，偏移的距离依次为2mm，11mm，2mm，34mm，2mm，34mm，2mm，11mm，如图2-4-19所示。

（3）利用"修剪"命令，对图形进行修剪，如图2-4-20所示。

（4）再次利用"偏移"命令和直线命令，绘制余下的线条。将中间小矩形内部上方和左侧的线段分别进行偏移，距离均为9mm，2mm，10mm，用直线连接内侧交点，并将其向中心位置偏移2mm，如图2-4-21所示。

（5）再次利用"修剪"命令，将多余的线条进行修剪，并在中心位置绘制一条辅助线，如图2-4-22所示。

（6）将步骤5所绘制的线条选定进行环形阵列，阵列角度为360°，项目为4个，修剪多余线条，最终效果如图2-4-23所示。

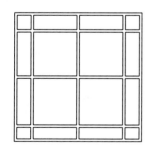
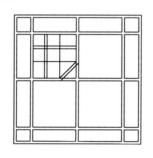
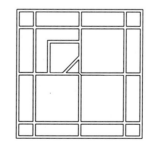
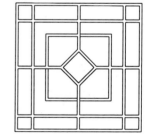

图2-4-20 中式花格　　　图2-4-21 中式花格　　　图2-4-22 中式花格　　　图2-4-23 最终效果
绘制步骤3　　　　　　绘制步骤4　　　　　　绘制步骤5

2.4.3 子任务三：商业空间罗马柱和灯具（二维图形）的绘制

商业空间罗马柱和灯具（二维图形）的绘制如图2-4-24及图2-4-27～图2-4-29所示，细部尺寸如图2-4-25和图2-4-26所示。

2.4.3.1 室内罗马柱的绘制（见图2-4-24）

1. 罗马柱特点

（1）该图为左右对称图形。因此，在绘图时可按照从左到右，从上到下的步骤进行绘制，然后镜像即可。

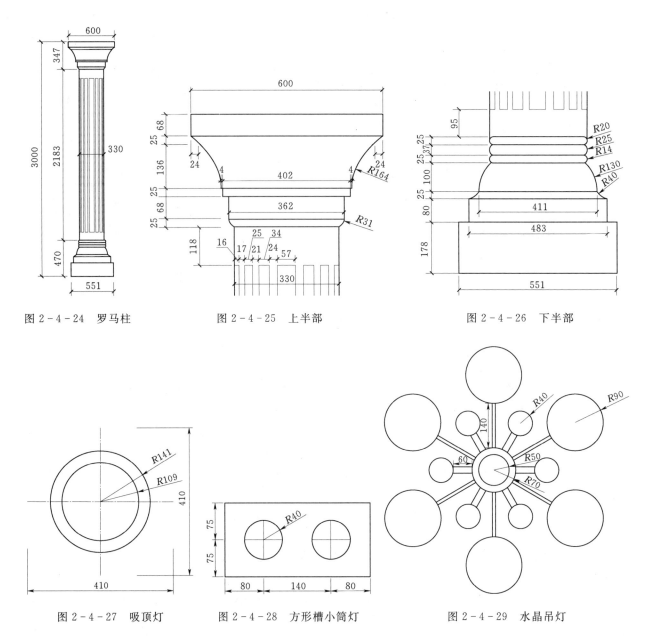

图 2-4-24　罗马柱　　　图 2-4-25　上半部　　　图 2-4-26　下半部

图 2-4-27　吸顶灯　　　图 2-4-28　方形槽小筒灯　　　图 2-4-29　水晶吊灯

（2）该图使用的绘图命令为直线命令、矩形命令、偏移命令、移动命令和修剪命令。

2. 方法与步骤

（1）选择"矩形"命令，绘制长 600mm，宽 68mm 的矩形，从矩形下边线的中点绘制一条长 25mm 的线段，向左侧再绘制长度为 276mm 的线段，再连接此端点与矩形左下角点，如图 2-4-30 所示。

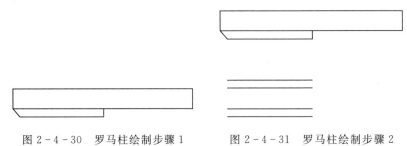

图 2-4-30　罗马柱绘制步骤 1　　　图 2-4-31　罗马柱绘制步骤 2

（2）利用"偏移"命令，对已知长度为 276mm 的直线进行偏移，偏移的尺寸分别为 136mm、25mm、68mm、25mm，如图 2-4-31 所示。

（3）利用"拉长"命令，将部分多余的线条进行修剪，此时需要依次单击每条线段的左侧。提示，用户可选择"拉长"命令中的"全部"选项，依次设置全部长度等于205mm、201mm、181mm和165mm。然后分别用圆弧连接相邻端点或用垂线连接相邻直线即可，如图2-4-32所示。

（4）删除辅助线，并使用"镜像"命令，将前两个步骤绘制的图形进行镜像，如图2-4-33所示。

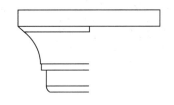 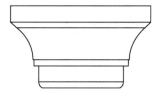

图2-4-32 罗马柱绘制步骤3　　图2-4-33 罗马柱绘制步骤4

（5）从图2-4-32的左下端点出发，绘制垂线，长度为2183mm。选择直线命令后，利用偏移捕捉命令，以刚才选择的端点为基点进行偏移，尺寸为向右16mm，向下118mm，绘制长度为1970mm垂线，将此线段分别向右偏移17mm，25mm，21mm，34mm，24mm，用横线连接相应端点。选择这7条竖线与3条横线，以水平线段的中点为镜像的对称点进行镜像，镜像后将中间两条线相连，并复制7条横线至下方，使图案封闭，如图2-4-34所示。

（6）用直线连接下边缘，并将其进行偏移，尺寸分别为25mm，37mm，25mm，100mm。选择"拉长"命令，将最后绘制直线的长度修改为411mm，并通过最后一条直线的中点绘制一条长度为25mm的垂线（辅助线），如图2-4-35所示。

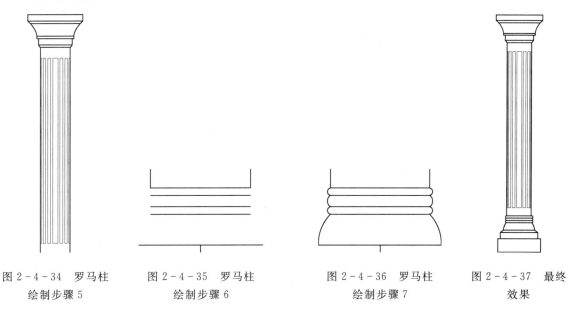

图2-4-34 罗马柱　　图2-4-35 罗马柱　　图2-4-36 罗马柱　　图2-4-37 最终
绘制步骤5　　　　绘制步骤6　　　　绘制步骤7　　　　效果

（7）用圆弧连接相邻端点，如图2-4-36所示。

（8）在图形外部绘制两个矩形，尺寸分别为长483mm，宽80mm和长551mm，宽178mm，上下放置，并使其一条边的中点重合。移动至步骤6绘制的辅助线的下端点处。并用圆弧连接节点，效果如图2-4-37所示。

2.4.3.2 室内灯具的绘制

一、吸顶灯（见图2-4-27）

1. 灯具特点

该图为简单图形。因此，在绘图时只需要使用直线命令和圆命令即可完成绘制。

2. 方法与步骤

（1）选择"直线"命令，打开正交，在水平方和竖直方向上分别绘制长度为410mm的线段，并利用移动命令，以其中一条线段的中点为基点，使二者中点重合，如图2-4-38所示。

（2）利用"圆"命令，以线段的交点为圆心绘制半径为141mm和半径为109mm的两个同心圆，如图2-4-39所示。

图2-4-38　吸顶灯绘制步骤1　　　图2-4-39　吸顶灯绘制步骤2

二、方形槽小筒灯（见图2-4-28）

1. 灯具特点

(1) 该图为中心对称图形，因此，在绘图时可绘制其中的一个部分，然后阵列即可。

(2) 该图使用的绘图命令为直线命令、圆、阵列、修剪、偏移命令和修剪命令。

2. 方法与步骤

(1) 利用"矩形"命令绘制一个长为300mm，宽为150mm的矩形，如图2-4-40所示。

(2) 在距离左边80mm的位置绘制一条竖线，分别与上下两条边相交，将此线向右偏移140mm，连接左右两边的中点，绘制中线，如图2-4-41所示。

(3) 以中线与竖线的交点为圆心绘制两个半径为40mm的圆，如图2-4-42所示。

(4) 利用"修剪"命令，对图形进行修剪，效果如图2-4-43所示。

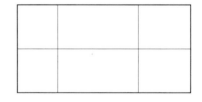

图2-4-40　方形小筒灯绘制步骤1　　　图2-4-41　方形小筒灯绘制步骤2

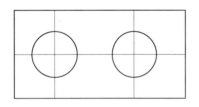
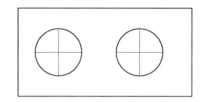

图2-4-42　方形小筒灯绘制步骤3　　　图2-4-43　最终效果

三、水晶吊灯（见图2-4-29）

1. 灯具特点

(1) 该图为中心对称图形，因此，在绘图时可绘制其中的一个部分，然后阵列即可。

(2) 该图使用的绘图命令为直线命令、圆、阵列、修剪、偏移命令和修剪命令。

2. 方法与步骤

(1) 利用圆命令，绘制同心圆，半径分别等于50mm和70mm，如图2-4-44所示。

(2) 设置极轴增量角为30°，分别在0°和30°的方向上绘制长度为130mm和210mm的线段，如图2-4-45所示。

(3) 分别在其延长线上绘制半径为40mm和90mm的圆，线段的端点正好在圆周上，如图2-4-

46所示。

（4）对长度为130mm的线段分别向两边进行偏移，尺寸为10mm；对长度为210mm的线段进行偏移，尺寸为5mm，如图2-4-47所示。

（5）将靠近圆周一端的直线拉长5mm，使其与圆相交，将偏移后的图形进行修剪，将多余的线条进行删除，如图2-4-48所示。

（6）选择阵列命令，对象为除同心圆以外的图形，阵列的中心为同心圆的圆心，阵列的角度为360°，项目为6个，效果如图2-4-49所示。

图2-4-44 水晶吊灯
绘制步骤1

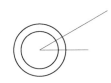

图2-4-45 水晶吊灯
绘制步骤2

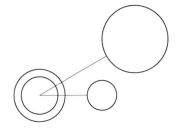

图2-4-46 水晶吊灯绘制
步骤3

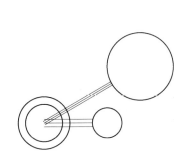

图2-4-47 水晶吊灯绘制步骤4

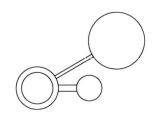

图2-4-48 水晶吊灯绘制步骤5

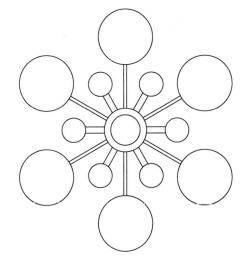

图2-4-49 最终效果

2.4.4 子任务四：伊斯兰风格室内装饰纹样（二维图形）的绘制

2.4.4.1 装饰纹样1（见图2-4-50）

1. 装饰纹样特点

（1）该图为中心对称图形，因此，在绘图时可绘制其中的一个部分，然后使用镜像命令。

（2）该图使用的绘图命令为矩形、圆、圆弧、椭圆弧、移动、镜像等命令。

2. 方法与步骤

（1）利用矩形命令，绘制长3586mm，宽3885mm的矩形，绘制一条对角线作为辅助线。以辅助线的中点为圆的圆心，绘制半径分别等于1220mm和1370mm的圆（注意设置线型），如图2-4-51所示。

（2）在矩形外部绘制一个边长为1200mm的等腰直角三角形，并绘制出底边的高，如图2-4-52所示。在三角形内部绘制角点纹样的一半。其中可使用

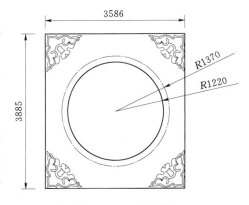

图2-4-50 纹样1

"起点、端点、切线"的方式绘制圆弧，也可使用椭圆弧或多段线命令中的第二个点（S）画圆弧的方式进行绘制，绘制结果如图2-4-53所示。

（3）利用镜像命令将纹样进行镜像，并对部分曲线进行调整和修剪，如图2-4-54所示。

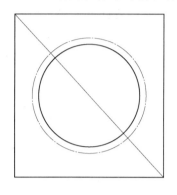

图2-4-51　纹样1
绘制步骤1

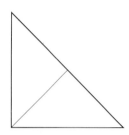

图2-4-52　纹样1
绘制步骤2

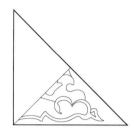

图2-4-53　纹样1
绘制步骤3

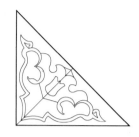

图2-4-54　纹样1
绘制步骤4

（4）选中此三角形内部的纹样，以直角顶点为基点进行复制，将其复制至矩形的角点处，并利用镜像命令将纹样进行镜像，最终使得在矩形的4个角点都有此纹样，如图2-4-55所示。

图2-4-55　最终效果

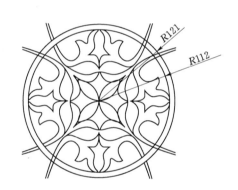

图2-4-56　纹样2

2.4.4.2　装饰纹样2（见图2-4-56）

1. 装饰纹样特点

（1）该图为中心对称图形，因此，在绘图时可绘制其中的一个部分，然后使用镜像命令。

（2）该图使用的绘图命令为正多边形、圆、圆弧、椭圆弧、样条曲线、镜像、阵列等命令。

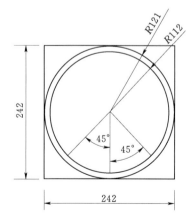

图2-4-57　纹样2绘制步骤1

2. 方法与步骤

（1）利用正多边形命令绘制边长为242mm的正方形，在正方形内部绘制一个半径等于121mm的圆与之相切，绘制同心圆，半径等于112mm。绘制辅助线3条，分别为圆心与圆周连线夹角等于225°、270°、315°，如图2-4-57所示。

（2）在两条辅助线与圆弧之间利用样条曲线、圆弧、椭圆弧等绘图工具绘制弧线，使其连续的绘制在两条辅助线之间，如图2-4-58所示。

（3）利用镜像命令，以270°的辅助线为对称轴镜像，并修剪部分线条，删除辅助线，如图2-4-59所示。

（4）利用阵列命令，以圆心为对称中心，绘制好的图形为阵列对象，在360°范围内阵列4个，形成最终图形，如图2-4-60所示。

 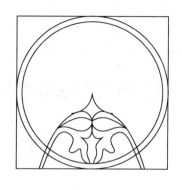 

图 2-4-58 纹样 2 绘制步骤 2　　　图 2-4-59 纹样 2 绘制步骤 3　　　图 2-4-60 最终效果

2.5　课外拓展性任务与训练

绘制如图 2-5-1 所示图形。

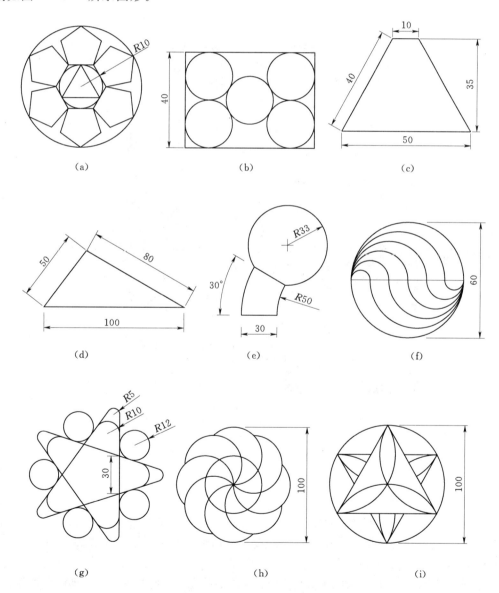

图 2-5-1　课外拓展性任务与训练

第3章 任务二：三室两厅家居室内设计施工图的绘制

3.1 子任务一：三室两厅家居室内设计平面图的绘制

3.1.1 任务目标及要求

3.1.1.1 任务目标

绘制完成如图3-1-1所示的图形。

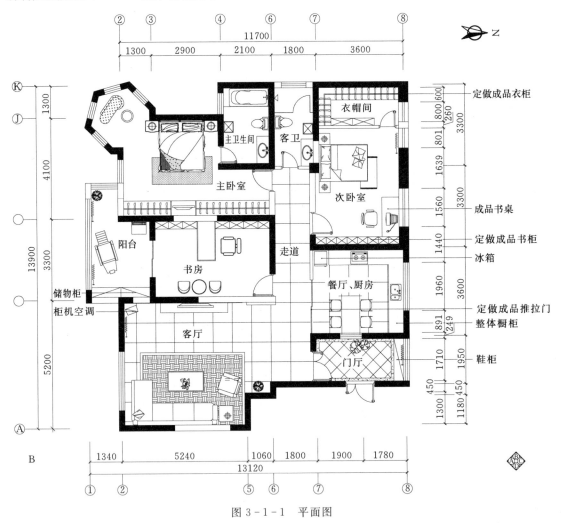

图 3-1-1 平面图

3.1.1.2 任务要求

此项目位于银川市兴庆区湖影康城小区，工程为砖混结构。要求按照制图标准和规范，结合合理的绘制方法进行绘制，同时掌握相关命令及绘图技巧，初步具备绘制平面布置图的能力。

3.1.2 设计点评

本方案平面布置合理，在满足家庭成员基本使用功能的前提下，更注重主人活动的私密性。作品设计风格简约、现代，造型多为直线，运用率直的流动性、直线及几何纹样形式，表现精细技艺、纯朴质地、明快色彩及简明造型，展示艺术与生活、科学与技术完美统一的现代精神。效果如第6章图6-1-1所示。

3.1.3 AutoCAD 新知识链接及命令操作

3.1.3.1 图层、线型、颜色的设置

1. 图层的概念

正如同色彩会比素描作品更能刺激人们的感官、给人以较强的视觉冲击力一样，AutoCAD 图形线条的多种颜色也能起到愉悦视觉、提高绘图者设计及表现欲望的作用；用户还可以在 AutoCAD 众多图形的线条中排除部分图形线条的干扰，对所要修改的图形进行修改，AutoCAD 建立了图层这一概念，使得该软件具备上述功能。图层就像一张张透明的硫酸纸，一张"纸"上画门窗图形，一张"纸"上画墙图形，一张"纸"用来标注尺寸……这些"纸"叠加在一起，就可组成完整的建筑图形，每一个图层赋予不同的颜色、线型等其他标准，当不需要其中一个时，可将其暂时隐藏或锁定，以不影响对其他图层的操作，提高作图效率。总之，通过设置图层可有效地控制和管理组织图形。

2. 图层的使用

（1）图层的建立与删除。

单击图层工具栏的图层管理器图标（见图 3-1-2），弹出图层特性管理器对话框，如图 3-1-3 所示。

图 3-1-2 图层管理器图标

每次运行 AutoCAD 时，新建的图形文件都包括名为"0"的图层，不能删除也不能重命名。一般通过图层管理器新建图层来组织图形，而不是将整个图形均创建在图层"0"上。这样保持图层"0"默认的最初状态不做修改，并控制新建的图层具有不同的属性，如不同的颜色、线型等，以便于图层的组织和管理。而创建图块时在图层"0"上操作，这样的图块属性最简单，插入新的图层后将自动继承新图层的属性。

单击"新建图层图标" 后，对话框中显示新创建的图层，并可以对其进行命名等设定，或默认系统命名"图层 1"、"图层 2"等，如图 3-1-3 所示。

单击"删除图层图标" 可以删除选中图层，单击"置为当前图标" 可以将选定图层设定为当前进行绘图与编辑的图层，被置为当前的图层其图层名称前的状态一栏中显示绿色符号 ，如图 3-1-3 所示。

不同的图层有不同的颜色，不同的物体处于不同的图层，这样便于组织和管理，如图 3-1-4 所示。

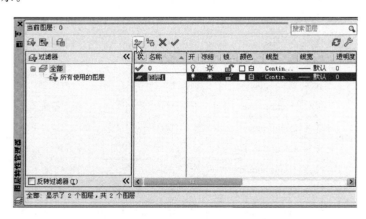

图 3-1-3 图层特性管理器对话框

图 3-1-4 不同的颜色

（2）图层的开/关、冻结/解冻、锁定/解锁。

通过图层特性管理器可以进行各种图层属性的设定：

1）开/关。"开"一栏下的黄色灯泡图标 💡 表示图层打开，单击使其变为蓝色 💡 ，表示图层被关闭。处于关闭层上的对象不显示，不能被打印，但参与处理过程中的运算。进行开/关切换时不重新生成图形。用户可以关闭当前层，但 AutoCAD 会显示警告信息。在关闭的层上也可作图，但看不到过程和结果，只有打开后才能显示出来。

2）冻结/解冻。"冻结"一栏中的黄色太阳图标 ☀ 表示图层解冻，单击使其变为蓝色雪花 ❄ ，则图层被冻结。处于冻结层上的对象不显示，不能被打印，而且也不参与处理过程中的运算，在解冻时，图形将重新生成。在复杂图形中冻结暂时不需要的图层，可以加快系统重新生成图形的速度。当前层不能被冻结，已冻结的层也不能设置为当前层，如果试图冻结当前层或者要将冻结层设置为当前层，系统都会显示警告信息。

3）锁定/解锁。"锁定"一栏中的图标 🔓 表示图层解锁，单击使其变为黄色图标 🔒 ，表示图层被锁定。被锁定的图层不影响层上对象的显示。但用户不能改变锁定层上的对象，不能进行编辑操作。如果锁定的是当前层，用户仍可在该层上作图。对锁定的图层用户可以改变颜色、线型和使用查询命令和进行对象捕捉操作。

不论是关闭图层还是冻结图层，都可以使该图层上的图形不可见。当绘制图形时如果某一层图形比较复杂对绘制新图形产生干扰，就可以关闭或冻结它以使它先隐藏，方便绘图。

（3）室内设计施工图绘制中图层的设置。

绘制室内设计施工图需要创建轴线、墙体、门、窗、楼梯、标注、节点、电气、吊顶、家具、立面、地面、填充、图签、注释等。调出本书第1章建立的"室内设计施工图模板"样板文件，在该样板文件的绘图环境下设置图层，图层设置安排见表3-1-1，设置完成后保存该样板文件，以备后用。

表 3 - 1 - 1　　　　　　　　　　　　图 层 设 置 安 排

层　名	颜　色	线　型	线宽	功　能
BZ－00 尺寸标注	绿色（Green）	连续线（Continuous）	默认	标注尺寸
QT－00 墙体	洋红	连续线（Continuous）	默认	画墙体
QT－001 隔墙	洋红	连续线（Continuous）	默认	画隔墙
M－000 门	红色（Red）	连续线（Continuous）	默认	画门线
C－000 窗	红色（Red）	连续线（Continuous）	默认	画窗线
ZX－00 轴线	9	连续线（Continuous）	默认	画轴线
DJ－00 灯具	74	连续线（Continuous）	默认	画灯具线
DM－00 地面	8	连续线（Continuous）	默认	画地材线
DQ－00 电气	红色（Red）	连续线（Continuous）	默认	画电气图线
JD－00 节点	红色（Red）	连续线（Continuous）	默认	画节点图线
JJ－00 家具	74	连续线（Continuous）	默认	画家具图线
LM－00 立面	红色（Red）	连续线（Continuous）	默认	画立面图线
LT－00 楼梯	红色（Red）	连续线（Continuous）	默认	画楼梯
QT－002 非承重墙	红色（Red）	连续线（Continuous）	默认	画非承重墙
NH－000 绿化陈设	8	连续线（Continuous）	默认	画绿化陈设图线
TC－00 填充	8	连续线（Continuous）	默认	画图案填充线
TQ－00 图签	白色	连续线（Continuous）	默认	画 A3 图框
ZS－00 注释	白色	连续线（Continuous）	默认	标注注释文字
DD－00 吊顶	红色（Red）	连续线（Continuous）	默认	画吊顶

注　表中各图层线宽在此均取默认值，后期打印出图时，根据需要可通过编辑打印样式统一设置线宽。

3．线型的设置

（1）命令格式。

命令行：Linetype

图形中的每个对象都具有其线型特性。Linetype命令可对对象的线型特性进行设置和管理。

线型是由沿图线显示的线、点和间隔组成的图样，可以使用不同线型代表特定信息。例如，当正在画一个住宅小区平面图时，可利用一个连续线型画路，或使用含横线与点的界定线型画所有物线条。

每一个图面皆预设至少有三种线型：连续线（Continuous）、随层（Bylayer）和随块（Byblock）。这些线型不可以重新命名或删除。图形可以含有无限个额外的线型，既可从一个线型库文件加载更多的线型，也可新建并储存自己定义的线型（一般情况下，系统线型文件提供的几十种线型已够用，无需新建）。

（2）设置当前线型。

通常情况下所创建的对象采用的是当前图层中的Bylayer线型。也可以对每一个对象分配自己的线型，这种分配可以覆盖原有图层线型设置。另一种做法是将ByBlock线型分配给对象，借此可以使用此种线型直到将这些对象组成一个图块，当对象插入时，对象继承当前线型设置。设置当前线型的操作步骤如下：

1）执行Linetype命令，或选择"格式"→"线型"菜单项，弹出如图3-1-5所示线型管理器。这时可以选择一种线型作当前线型。

2）当要选择另外的线型时，就单击"加载"，弹出如图3-1-6所示的线型列表。

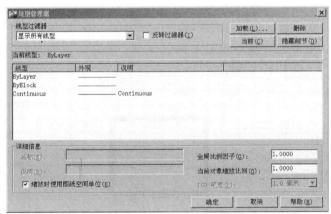

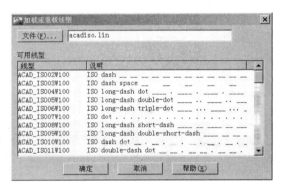

图3-1-5　线型管理器　　　　　　　　　　　　图3-1-6　线型列表框

3）选择相应的线型。

4）结束命令返回图形文件。

【注意】

为了设置当前层的线型，你既可以选择线型列表中的线型，也可以单击线型管理器对话框中的"当前"按钮，在对话框中双击该线型的名称。如果某一图层中需要使用少量的其他线型，可通过"对象特性"工具栏中的"线型控制"下拉列表单独进行设置，所设置的线型将排除图层线型的影响作为当前线型，直到下一次改变它为止。

（3）图层线型的改变设置可通过"图层特性管理器"对话框设置。

单击对话框图层列表中的某图层线型名称，出现"选择线型"对话框，在此对话框中选择所要的线型，之后单击"确定"按钮。也可单击"选择线型"对话框中的"加载"按钮，加载入其他线型（具体方法同前），选择载入的线型，最后再单击"确定"按钮，退出"选择线型"对话框。

4．颜色的设置

设置当前色，以后一直按这样的颜色绘制图形，直至下一次重新设置。

单击"对象特性"工具栏中"颜色控制"下拉列表的"选择颜色…"或键入color（c01）或选择菜单"格式"→"颜色…"，屏幕显示对话框如图3-1-7所示。

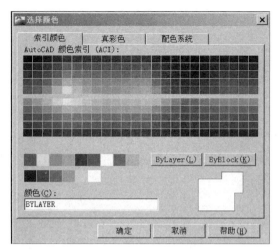

图 3-1-7 设置颜色

从对话框中选择一种颜色并确定，以作为当前颜色。

• 单击"Bylayer"表示新图形线条颜色与当前图层颜色一致。

• 单击"ByBlock"后新图形线条颜色将变为白色（或黑色），当这样的图形被定义为图块插入时（参见"插入块"），图块将自动转换为当前颜色，如果设置为"随层"，则图块与当前图层的颜色一致。

【注意】

（1）下拉列表中的 ■ 图标表示自动根据窗口背景色调整当前图形颜色，若窗口背景为黑色时图形颜色为白色，而窗口背景色为白色时图形颜色为黑色。

（2）大多数情况下应将颜色设置为"随层"状态，这样当改变图层颜色时，所有绘制在该图层上的图形颜色将随之改变，方便对颜色的管理。

（3）如果某一图层中需要使用少量的其他颜色，可通过"对象特性"工具栏中的"颜色控制"下拉列表单独进行设置，所设置的颜色将排除图层颜色的影响作为当前色，直到下一次改变它为止。

（4）图层颜色的改变设置可通过"图层特性管理器"对话框设置（见图 3-1-3）：单击对话框图层列表中的某图层颜色名称，出现"选择颜色"对话框，再通过此对话框进行设置。

3.1.3.2 多线（MLINE 命令）样式的设置及多线绘制、修改（编辑）

多线绘制命令用于绘制由多条平行线组成的直线组，可以设置不同的线型、偏移距离和封口形状，如图 3-1-8 所示。

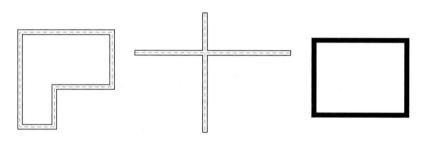

图 3-1-8 多线绘图实例

1. 绘制多线的操作步骤

（1）命令行输入"MLINE"命令或"ML"，或在"绘图"菜单中选择"多线"。发出命令后，AutoCAD 将出现提示。

命令：MLINE
当前设置：对正＝上，比例＝20.00，式样＝STANDARD
指定起点或[对正(J)/比例(S)/样式(ST)]：　　　　（输入或拾取一点）
指定下一点：　　　　　　　　　　　　　　　　（输入或拾取一点）
指定下一点或[放弃(U)]：　　　　　　　　　　　（输入或拾取一点）
指定下一点或[闭合(C)/放弃(U)]：　　　　　　　（继续输入点，直到回车或输入"C"封闭多线）

绘制多线的过程与直线类似。

（2）输入关键字"J"，将提示对正方式（即多线元素与多线输入点位置的对齐方式）。

输入对正类型［上（T）/无（Z）/下（B）］：

对正方式如图 3-1-9 所示，图中"上（T）"对正方式是指长虚线（在此为轴线）与多线（在此为墙线）的上线（此线偏移量为正值）对齐；"无（Z）"对正方式（该对正方式又称"中对正"）是指长虚线（轴线）与多线的中线（此线为虚线，偏移量为 0）对齐；"下（B）"对正方式是指长虚线

（轴线）与多线的下线（此线偏移量为负值）对齐。通常，绘制墙体线（多线）时，可选用"无（Z）"对正方式，以保证墙体中线与建筑轴线对齐。

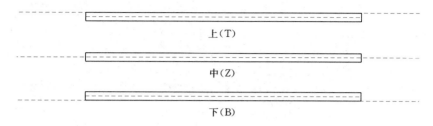

图 3-1-9　对正方式

（3）输入关键字"S"，可设置多线的绘制比例，缺省时比例是 20。

（4）输入关键字"ST"，可以输入一个已经定义过的多线样式名。

2. 多线样式的设置

多线的样式包括组成多线的单元数（AutoCAD 允许最大单元数为 16，即多线最多可由 16 条平行线组成）、线型、颜色、基点偏移量、填充颜色等内容。在"格式"菜单中选择"多线样式"或在命令行输入"ML-STYLE"可弹出如图 3-1-10 所示的"多线样式"对话框，进行多线样式的设置。

（1）一个图形可以使用多个多线样式，图形中使用的所有多线样式组成列表与图形一起保存。可以从列表中选择要使用的样式，并在对话框中单击"置为当前"，在对话框上方出现当前多线样式名。单击"重命名"可以为多线样式换名；单击"删除"可将选择的样式从当前图形中删除；单击"加载"，可从多线样式库中装入多线样式。（多线样式库文件为".mln"）；单击"保存"，可将当前定义的多线样式用"名称"框中输入的名字存入选定的多线样式库文件中。

STANDARD 样式为 AutoCAD 缺省的多线样式（由两条平行线组成）。

图 3-1-10　"多线样式"对话框

图 3-1-11　新建或修改多线样式

（2）如要定义新的多线样式，单击"新建"，弹出"创建新的多线样式"对话框，如图 3-1-11 所示，输入新的名称后，单击"继续"，可在弹出的"新建多线样式"对话框中设置相关参数，如图 3-1-12 所示。

（3）单击"修改"则可对选定的样式进行参数修改，对话框如图 3-1-12 所示。修改与新建，其对话框内容一样，只是对话框的标题有区别。

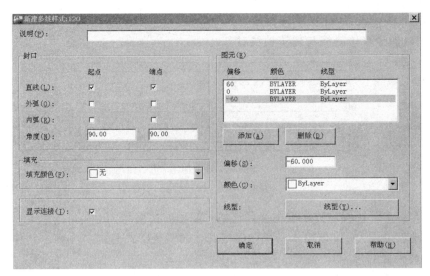

图 3-1-12　"新建多线样式"对话框

下面介绍如何在对话框中设置或修改多线的具体项目。

- "说明"：可输入关于多线样式的文字说明，如"建筑墙线"等。
- "图元"：设置构成多线的各条线的偏移量、颜色和线型，可删除或添加线条，相应的按钮或输入框在图元列表框的下方。
- "封口"：设置多线头部封口的样式，包括"直线、外弧、内弧、角度"4 种类型，如图 3-1-13 所示。

外弧封端＋色彩填充　　　　　内弧封端　　　　　直线封端＋显示连接

图 3-1-13　封口样式

- "填充"：可选择一种颜色对多线进行填实，如图 3-1-13 所示。
- "显示连接"：在多线的转折处显示连线，如图 3-1-13 所示。

【注意】

用户不能对正在使用的样式进行编辑，要改变该多线样式的元素特性，必须将用该多线样式已绘制的多线全部删除或在它未被使用之前进行。

3. 定义多线样式的实例

用多线绘制建筑墙线之前需要先定义多线样式，其步骤如下：

（1）选择菜单"格式"/"多线样式"或在命令行输入"MLSTYLE"命令，弹出"多线样式"对话框。

（2）单击对话框中的"新建"，在弹出的对话框中输入"墙线"名称。

（3）单击"继续"，弹出图 3-1-12 所示的对话框。在对话框中修改第一条线的偏移量为 120，修改第二条线的偏移量为－120。

（4）单击"添加"按钮，在元素列表框中出现一条新增线，偏移量为 0，符合我们的要求。

（5）单击"线型"，在弹出的"选择线型"对话框中可以看到没有我们需要的线型（如图 3-1-14 所示），单击"加载"，在弹出的线型加载对话框中选择我们需要的中心线，例如"CENTERX2"线型，如图 3-1-15 所示。单击"确定"后，再次出现选择线型对话框，此时在表中已经包括了我们刚刚加载的中心线。

图 3-1-14 "选择线型"对话框

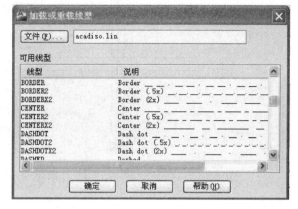

图 3-1-15 选择中心线

（6）选择刚加载的线型"CENTERX2"线型，单击"确定"，回到新建多线对话框，按需要设置其他选项，如是否封口等。至此，新的多线样式"墙线"设置完毕，如需要保存，可单击"保存"，将其保存到多线库中。

（7）使用该"墙线"样式绘制的图形如图 3-1-57 所示。

【注意】

（1）在绘图时，必须设置线型比例为1，因为缺省设置的线型比例为20；如果前面设置的"CENTERX2"线型虚线显示效果不明显，可通过"LTS"线型比例因子调整命令进行修改。

（2）绘制建筑图的墙线比较方便，多条多线相交和接头的地方需要进行编辑，关于多线的编辑将在下面介绍。

4. 编辑多线

编辑多线（MLEDIT 命令）用于编辑多线间的交点和接头部分的特性。

在命令行输入"MLEDIT"命令，或选择菜单"修改"→"对象"→"多线"，将弹出图 3-1-16 所示的多线编辑工具对话框。在该对话框中选择相应的编辑方式，然后在绘图区选择要编辑的多线即可。以下介绍各种编辑工具操作和实例。

图 3-1-16 多线编辑工具对话框

• 十字闭合：两条多线的交叉部分形成一个封闭的交叉口。在该方式中，第二条多线保持原状，第一条多线被修剪，如图 3-1-17 所示。L1 表示选择的第一条线，L2 表示选择的第二条线。

• 十字打开：两条多线的交叉部分形成一个相互连通的交叉口。在该方式中，第二条多线内部的线保持原状，第一条多线内部的线被修剪。

• 十字合并：两条多线的交叉部分形成一个汇合的交叉口。在该方式中，两条多线的内部直线交叉部分保持相交，如图 3-1-18 所示。

• T 形闭合：两条多线的相交部分形成 T 形交叉口的封闭状态。第一条多线被修剪到与第二条多线相接为止，第二条多线保持原状。

• T 形打开：两条多线的交叉部分形成一个外部连通的 T 形交叉口。第一条多线内部的线被修剪到与第二条多线的外部为止，如图 3-1-19 所示。

• T 形合并：两条多线的相交部分形成一个外部连通的 T 形交叉口。第一条多线内部的线被修剪或延长到与第二条多线相接为止。

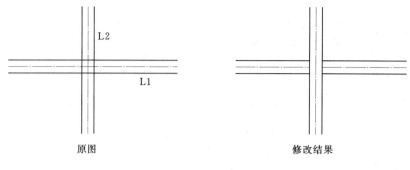

图 3-1-17 十字闭合

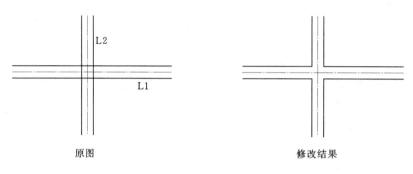

图 3-1-18 十字合并

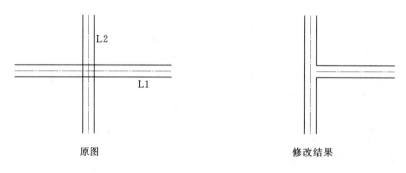

图 3-1-19 T形打开

• 角点结合：修剪或延长两条多线直到它们相接，形成一相交角。第一条和第二条多线的拾取部分保留，并将其交点外未拾取部分全部断开剪去。

• 添加顶点：在多线上产生一个顶点。添加顶点后，图形一般看不到变化，但在待命情况下选择多线，可以看到新添加的顶点，利用夹点编辑（如移动夹点）可以进一步编辑多线。

• 删除顶点：将多线上的转折点或添加的顶点删除。

• 单个剪切：剪切多线中的某条线上拾取的两个点之间的部分。

• 全部剪切：剪切多线上拾取的两个点之间的多线的所有线段。

• 全部结合：连接被断开剪切掉的多线部分。

3.1.3.3 修改命令的使用（删除、拉伸、延伸）

1. 删除

（1）命令格式。

命令行：Erase（E）。

菜 单："修改"→"删除（E）"。

工具栏："修改"→"删除" 。

删除图形文件中选取的对象。

（2）操作步骤。

用删除命令删除图 3-1-20 中（a）的窗线，结果如图 3-1-20（b）所示。操作如下：

命令：Erase（E）

选取对象：找到一个 （点选一条窗线）

选取对象：找到一个,总计 2 个 （点选第二条窗线）

选取对象：找到一个,总计 3 个 （点选第三条窗线）

选取对象：找到一个,总计 4 个 （点选第四条窗线）

选取对象： （回车删除所有窗线）

【注意】

使用 Oops 命令，可以恢复最后一次使用"删除"命令时删除的对象。如果要连续向前恢复被删除的对象，则需要使用取消命令 Undo。

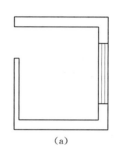 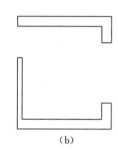 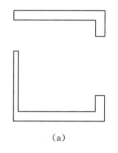 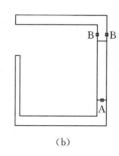

（a） （b） （a） （b）

图 3-1-20 用 Delete 命令删除图形　　　　图 3-1-21 用 Extend 命令延伸

2. 延伸

（1）命令格式。

命令行：Extend（EX）。

菜　单："修改"→"延伸（D）"。

工具栏："修改"→"延伸" 。

延伸线段、弧、二维多段线或射线，使之与另一对象相切。

（2）操作步骤。

用 Extend 命令延伸图 3-1-21（a）使之成为图 3-1-21（b）所示的图形。操作如下：

命令：Extend （执行 Extend 命令）

选取边界对象作延伸〈回车全选〉：

点选点 A （指定延伸边界）

选择集当中的对象:1 （提示选择对象数量）

选取边界对象作延伸〈回车全选〉： （回车结束对象选择）

选择要延伸的对象,或按住〈Shift〉键选择

要修剪的对象,或［围栏(F)/窗交(C)/投影(P)/删除(R)］：

点选点 B （指定延伸对象）

选择要延伸的对象,或按住〈Shift〉键选择

要修剪的对象,或［围栏(F)/窗交(C)/投影(P)/删除(R)/撤销(U)］：

回车 （结束命令）

说明

• 边界对象：选定对象，使之成为对象延伸的边界。

• 延伸的对象：选择要进行延伸的对象。

• 边缘模式（E）：若边界对象的边和要延伸的对象没有实际交点，但又要将指定对象延伸到两对象的假想交点处，可选择"边缘模式"。

• 围栏（F）：进入"围栏"模式，可以选取围栏点。围栏点为要延伸的对象上的开始点，延伸多个对象到一个对象。

- 窗交（C）：进入"窗交"模式，通过从右到左指定两个点定义选择区域内的所有对象，延伸所有的对象到边界对象。
- 投影（P）：选择对象延伸时的投影方式。
- 删除（R）：在执行 EXTEND 命令的过程中选择对象，并将其从图形中删除。
- 撤销（U）：放弃之前使用 EXTEND 命令对对象的延伸处理。

【注意】

在选择时，用户可根据系统提示选取多个对象进行延伸。同时还可按住"Shift"键选定对象将其修剪到最近的边界边。若要结束选择，按"Enter"键即可。

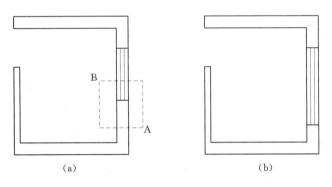

(a)   (b)

图 3-1-22　用 Stretch 拉伸窗的宽度

3. 拉伸

（1）命令格式。

命令行：Stretch（S）。

菜　单："修改"→"拉伸（H）"。

工具栏："修改"→"拉伸" 。

拉伸选取的图形对象，使其中一部分移动，同时维持与图形其他部分的联结。

（2）操作实例。

用 Stretch 命令把如图 3-1-22（a）所示的窗的宽度拉伸，使之成为如图 3-1-22（b）所示的样子。操作如下：

命令：Stretch	（执行 Stretch 命令）
用相交窗口或相交多边形选择对象：点选点 A	（指定窗选对象的第一点）
另一角点：点选点 B	（指定窗选对象的第二点）
选择集当中的对象：7	（提示选中对象数量）
用相交窗口或相交多边形选择对象：	（回车结束选择）
指定基点或［位移(D)]〈位移〉：点选一点	（指定拉伸基点）
指定第二个点或	
〈使用第一个点作为位移〉：垂直向下点选一点	（指定拉伸距离）

说明

- 指定基点：使用 STRETCH 命令拉伸选取窗口内或与之相交的对象，其操作与使用 Move 命令移动对象类似。
- 位移（D）：进行向量拉伸。

【注意】

可拉伸的对象包括与选择窗口相交的圆弧、椭圆弧、直线、多段线线段、二维实体、射线、宽线和样条曲线。

3.1.3.4　轴号图块的建立与插入（注意图块的属性）

在室内设计中，经常会遇到一些反复使用的图形，例如一把圈椅，它由坐垫、靠背、扶手搭脑、椅腿等组成，如果每次画相同或相似的椅子时都要画坐垫、靠背等部分，就十分繁琐重复。如果我们把坐垫、靠背、扶手搭脑、椅腿等部件组合起来，定义成名为"圈椅"这样一个图块，那么在以后的绘图中，只要将这个图块以不同的比例插入到图形中即可。

图块就是将多个实体组合成一个整体，并给这个整体命名保存，在以后的图形编辑中这个整体就被视为一个实体。一个图块可作为图形的一部分储存，包括可见的实体，如线、圆弧、圆，与可见或不可见的属性数据。图块能帮我们更好地组织工作、快速创建与修改图形和减少图形文件的大小。在设计工作中，我们可以创建一个自己常用的图块库，需要时调出某个图块以提高工作效率。

如果图块中的实体是画在"0"层，且"颜色与线型"两个属性是定义为"随层"，插入后它会被赋予当前图层的颜色与线型属性。相反，如果图块中的实体，定义前它是画在非"0"层，且"颜色与线型"两个属性不是"随层"的话，插入后它保留原先的颜色与线型属性。

1. 图块属性的定义

（1）命令格式。

命令行：Attdef/Ddattdef。

菜　单："绘图"→"块"→"定义属性"。

工具栏："绘图"→"属性" 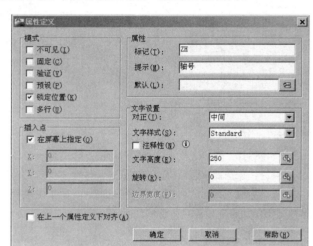。

Attdef命令用于定义属性。将定义好的属性连同相关图形一起，用Block/Bmake命令定义成块（生成带属性的块），在以后的绘图过程中可随时调用它，其调用方式跟一般的图块相同。

（2）定义块属性。

执行Attdef命令后，系统弹出图3-1-23所示的对话框，其主要内容为：名称、提示、缺省文本，另外包括坐标、模式、文本等。

【注意】

（1）属性在未定义成图块前，其属性标志只是文本文字，可用编辑文本的命令对其进行修改、编辑。只有当属性连同图形被定义成块后，属性才能按用户指定的值插入到图形中。当一个图形符号具有多个属性时，要先将其分别定义好后再将它们一起定义成块。

（2）属性块的调用命令与普通块是一样的。只是调用属性块时提示要多一些。

（3）当插入的属性块被Explode命令分解后，其属性值将丢失而恢复成属性标志。因此用Explode命令对属性块进行分解要特别谨慎。

图3-1-23　"属性定义"对话框

（3）定义块属性实例（定义轴号块属性）。

1）将轴号层设为当前层，用CIRCLE命令绘制半径为600mm的圆。

2）单击下拉菜单"绘图"→"块"→"定义属性"，打开"属性定义"对话框。

在"属性"选项组的"标记"、"提示"框分别输入"ZH"、"轴号"，在"插入点"选项组中单击拾取点按钮，拾取半径为600mm的圆的圆心为插入点；在"文字选项"选项组中，选择"对正"项为"中间"，文字高度250mm，其他为默认项，完成块属性的定义，如图3-1-23所示。

2. 创建轴号块

（1）创建内部块。

命令行：Block（B）。

菜　单："绘图"→"块"→"创建"。

工具栏："绘图"→"创建块" ⬛。

（2）操作步骤。

1）单击创建块按钮，打开"定义块"对话框。

2）名称为"zhou"；单击拾取点按钮，选择半径为600mm的圆的下象限点为基点：

选择"保留"选项，单击选择对象按钮，选择半径为600mm的圆为对象，单击"确定"按钮完成块zhou的创建，如图3-1-24所示。

说明

• 基点：该区域用于指定图块的插入基点。用户可以通过"拾取点"按钮或输入坐标值确定图块插入基点。

• 拾取点：单击该按钮，"块定义"对话框暂时消失，此时需用户使用鼠标在图形屏幕上拾取所需点作为图块插入基点。拾取基点结束后，返回到"块定义"对话框，X、Y、Z文本框中将显示该基点的X、Y、Z坐标值。

• X、Y、Z：在该区域的X、Y、Z编辑框中分别输入所需基点的相应坐标值，以确定出图块插入基点的位置。

• 对象：该区域用于确定图块的组成实体。其中各选项功能如下：

• 选择对象：单击该按钮，"块定义"对话框暂时消失，此时用户需在图形屏幕上用任一目标选取方式选取块的

图 3-1-24　创建块

组成实体，实体选取结束后，系统自动返回对话框。

• 快速选择：开启"快速选择"对话框，通过过滤条件构造对象。将最终的结果作为所选择的对象。

• 保留：点选此单选项后，所选取的实体生成块后仍保持原状，即在图形中保留原来的独立实体形式。

• 转换为块：点选此单选项后，所选取的实体生成块后在原图形中也转变成块，即在原图形中所选实体将具有整体性，不能用普通命令对其组成目标进行编辑。

用 Block 命令定义的图块只能在所定义图块的图形中调用，而不能在其他图形中调用，因此用 Block 命令定义的图块被称为内部块。制作属性块就是将定义好的属性连同相关图形一起，用 Block/Bmake 命令定义成块（生成带属性的块），在以后的绘图过程中可随时调用它，其调用方式跟一般的图块相同。

（3）创建外部块。

Wblock 命令可将图形文件中的整个图形、内部块或某些实体写入一个新的图形文件，其他图形文件均可以将它作为块调用。Wblock 命令定义的图块是一个独立存在的图形文件，相对于 Block、Bmake 命令定义的内部块，它被称作外部块。用 Wblock 命令定义的外部块其实就是一个 DWG 图形文件。

将轴号定义为外部块（写块），其操作步骤如图 3-1-25 所示。

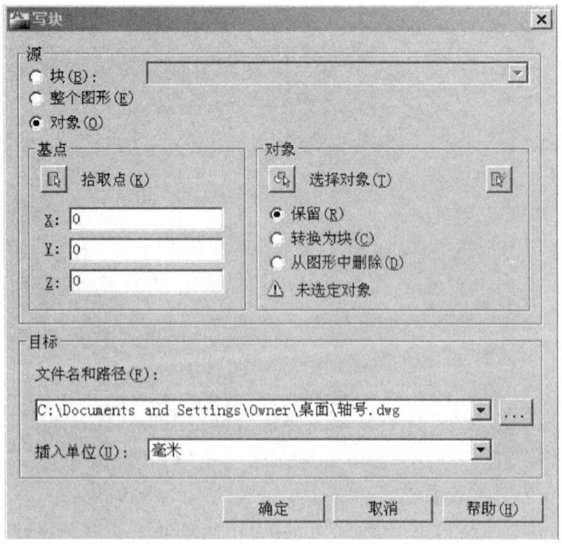

命令：执行 Wblock 命令，弹出"写块"对话框：

选取源栏中的对象选框将写入外部块的源指定为对象
单击拾取点按钮，选择半径为 600mm 的圆的圆心为基点
单击选择对象图标，选取轴号图形指定对象
在目标对话框中输入"轴号"　　（确定外部块名称）
单击确定按钮：　　　　　　　（完成定义外部块操作）

说明

• 源：该区域用于定义写入外部块的源实体。

• 块：该单选项指定将内部块写入外部块文件，可在其后的输入框中输入块名，或在下拉列表框中选择需要写入文件的内部图块的名称。

• 预览：用户在选取写块的对象后，将显示所选写块的对象的预览图形。

• 整个图形：该单选项指定将整个图形写入外部块文件。该方式生成的外部块的插入基点为坐标原点 (0, 0, 0)。

图 3-1-25　外部块（写块）

- 对象：该单选项将用户选取的实体写入外部块文件。
- 基点：该区域用于指定图块插入基点，该区域只对源实体为对象时有效。
- 对象：该区域用于指定组成外部块的实体，以及生成块后源实体是保留、消除或是转换成图块。该区域只对源实体为对象时有效。
- 目标：该区域用于指定外部块文件的文件名、储存位置以及采用的单位制式。它包括如下的内容：
- 文件名和路径：用于输入新建外部块的文件名及外部块文件在磁盘上的储存位置和路径。单击输入框后的按钮▼，弹出下拉列表框，框中列出几个路径供用户选择。还可单击右边的按钮···，弹出浏览文件夹对话框，系统提供更多的路径供用户选择。

3. 插入轴号

插入该轴号图块的对话框，如图 3-1-26 所示。

图 3-1-26　插入轴号图块

（1）命令格式。

命令行：Insert（I）。

菜　单："插入"→"块"。

工具栏："绘图"→"插入块"。

插入属性块和插入图块的操作方法是一样的，插入的属性块是一个单个实体。插入属性图块，必须定义插入点、比例、旋转角度。插入点是定义图块时的引用点。当把图形当作属性块插入时，程序把定义的插入点作为属性块的插入点。属性块的调用命令与普通块的是一样的，只是调用属性块时提示要多一些。

（2）操作步骤。

把上节制作的轴号属性块插入到图 3-1-77 中去。其操作步骤如下：

命令：Insert　　　　　　　　　　　　　（执行 Insert 命令）
在弹出的插入图块对话框中选择插入轴号图块并单击"确定"按钮，如图 3-1-25 所示对话框消失，提示指定插入点
块的插入点或［基点(B)/比例因子(S)/X
/Y/Z/旋转角度(R)］：　　　　　　　　　（在圆中间拾取一点，指定图块插入点）
X 比例因子〈1.000000〉：　　　　　　　（回车选默认值，确定插入比例）
Y 比例因子：〈等于 X 比例(1.000000)〉：　（回车选默认值，确定插入比例）
块的旋转角度〈0〉：　　　　　　　　　　（回车选默认值，设置插入图块的旋转角度）
请输入属性值　zh：A　　　　　　　　　（输入属性值）
输入正确，直接回车结束命令

说明

- 图块名：该下拉列表框中选择欲插入的内部块名。如果没有内部块，则是空白。
- 从文件：单击"浏览"按钮，系统显示"选择图形文件"对话框，选择要插入的外部图块文件路径及名称，单击"打开"按钮。回到图 3-1-26 所示的对话框，单击"插入"按钮，此时命令行提示指定插入点，键入插入比

例、块的旋转角度。完成命令后，图形就插入到指定插入点。

- 预览：显示要插入的指定块的预览。
- 插入点（X、Y、Z）：在插入图块时通过预先输入坐标值确定图块在图形中的插入点。当选"在屏幕上指定"后，此三项呈灰色，不能用。
- 缩放（X，Y，Z）：在插入图块时通过预先输入图块在 X 轴、Y 轴、Z 轴方向上缩放的比例因子来确定图块的大小。这三个比例因子可相同，也可不同。当选用"在屏幕上指定"后，此三项呈灰色，不能用。缺省值为1。
- 在屏幕上指定：勾选此复选框，将在插入时对图块定位，即在命令行中定位图块的插入点、X、Y、Z 的比例因子和旋转角度；不勾选此复选框，则需键入插入点的坐标比例因子和旋转角度。
- 角度（R）：图块在插入图形中时可任意改变其角度，在此输入框指定图块的旋转角度。当选用"在屏幕上指定"后，此项呈灰色，不能用。

3.1.3.5 文本的标注

1. 设置文字样式

利用 AutoCAD 2011 对室内设计施工图标注文本之前，必须要进行文字样式的设置。本节主要讲述什么是字体、文字样式以及如何设置文字样式等。

（1）字体与文字样式。

字体是由具有相同构造规律的字母或汉字组成的字库。例如，英文有 Roman、Romantic、Complex、Italic 等字体；汉字有宋体、黑体、楷体等字体。AutoCAD 2011 提供了多种可供定义样式的字体，包括 Windows 系统 Fonts 目录下的 "*.ttf" 字体（图标显示为 𝐓）和 AutoCAD 特有的西文 "*.shx" 字体（图标显示为 ✏）。

用户可根据自己需要而定义具有字体、字符大小、倾斜角度、文本方向等特性的文字样式。在 AutoCAD 2011 绘图过程中，所有的标注文本都具有其特定的文字样式，字符大小由字符高度和字符宽度决定。

（2）设置文字样式。

1）命令格式。

命令行：Style/Ddstyle（ST）。

菜　单："格式"→"文字样式"。

Style 命令用于设置文字样式，包括字体、字符高度、字符宽度、倾斜角度、文本方向等参数的设置。

2）创建"仿宋"文字标注样式的操作步骤。

打开"室内设计施工图模板"样板文件，执行 Style 命令，系统自动弹出"字体样式"对话框。设置新样式为仿宋字体，如图 3-1-27 所示。操作步骤如下：

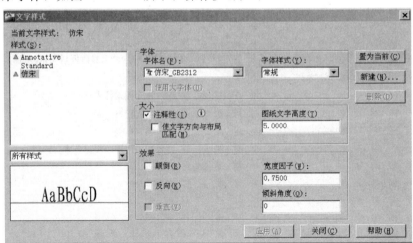

图 3-1-27　"字体样式"对话框

命令:Style	（执行 style 命令）
单击"当前样式名"对话框的"新建"按钮	（系统弹出"新建文字样式"对话框）
在对话框中输入"仿宋"，单击"确定"按钮	（设定新样式名仿宋并回到主对话框）
在文本字体框中选仿宋_GB2312	（设定新字体仿宋）
在"大小"选项组中勾选"注释性"复选项	（使该文字样式成为注释性的文字样式。调用注释性文字样式创建的文字，将成为注释性对象，以后可以随时根据打印需要调整注释性的比例）
在文本大小、效果框中填写	（设定字体的高度、宽度、角度）
单击"应用"按钮	（将新样式仿宋加入图形）
单击"关闭"按钮	（完成新样式设置，关闭对话框）

使用同样的方法创建"尺寸标注"文字样式，将其"字体名"设置为：

romans.shx 文字高度为 5，宽度设为 0.7，在"大小"选项组中勾选"注释性"复选项。

创建完成"仿宋"文字标注样式和"尺寸标注"文字样式之后，保存并覆盖原"室内设计施工图模板"样板文件。

说明

• 当前样式名：该区域用于设定样式名称，用户可以从列表框选择已定义的样式或者单击"新建"按钮创建新样式。

• 新建：用于定义一个新的文字样式。单击该按钮，在弹出的"新文字样式"对话框的"样式名称"编辑框中输入要创建的新样式的名称，然后单击"确定"按钮。

• 删除：用于删除已定义的某样式。在左边列表框中选取需要删除的样式，然后单击"删除"按键按钮，系统将会提示是否删除该样式，单击"确定"按钮，表示确定删除，单击"取消"按钮表示取消删除。

• 文本字体：该区域用于设置当前样式的字体、字体格式、字体高度。

字体名：该下拉列表框中列出了 Windows 系统的 True Type（TTF）字体。用户可在此选一种需要的字体作为当前样式的字体。在该列表框中只有选中后缀为"＊.shx"字体时，"使用大字体"复选框才能被击活，不勾选该复选框，在下拉列表框中选择已安装的汉字字体，在图中才能输入汉字。所有以@开头的字体在屏幕上均按正常字体翻转 90°显示。

字体样式：该下拉列表框中列出了字体的几种样式，比如常规、粗体、斜体等字体。用户可任选一种样式作为当前字型的字体样式。

使用大字体：选用该复选框，用户可使用大字体定义字型。

• 文本度量：

文本高度：该编辑框用于设置当前字型的字符高度。如果高度默认值设为 0，则用户在输入文本时，根据提示给定字高，使用较灵活方便；如果设置了大于 0 的高度，则系统始终将此值用于该样式，标注文字时字高不能改变，适合高度不变的大规模标注。

宽度因子：该编辑框用于设置字符的宽度因子，即字符宽度与高度之比。取值为"1"时表示保持正常字符宽度，大于"1"表示加宽字符，小于"1"表示使字符变窄。

倾斜角：该编辑框用于设置文本的倾斜角度。大于 0 度时，字符向右倾斜；小于 0 度时，字符向左倾斜。

• 文字效果：

文本反向印刷：选择该复选框后，文本将反向显示。

文本颠倒印刷：选择该复选框后，文本将颠倒显示。

文本垂直印刷：选择该复选框后，字符将以垂直方式显示字符。"True Type"字体不能设置为垂直书写方式。

• 预览：该区域用于预览当前字型的文本效果。

【注意】

（1）Auto CAD 2011 系统默认情况下文字缺省样式为 Standard 样式，在用户未创建新样式之前，所有输入的文字均调用该样式。用户需预先设定文本的样式，并将其指定为当前使用样式，系统才能将文字按用户指定的文字样式写入字形中。

（2）删除选项对 Standard 样式无效。图形中已使用样式不能被删除。

（3）针对每种文字样式，所有采用该样式的文本都具有统一的字体和文本格式。如果想在一幅图形中使用不同的字体设置，则必须定义不同的文字样式。对于同一字体，可将其字符高度、宽度因子、倾斜角度等文本特征设置为不同，从而定义成不同的字型。

（4）可选中要修改的文本后单击鼠标右键，在弹出的快捷菜单中选择属性设置，改变文本的相关参数，如文字的颜色、大小等。

2．文本标注
（1）单行文本标注。

图3-1-28　用Text命令标注文本

1）命令格式。

命令行：Text（dt）。

菜单："绘图"→"文字"→"单行文字"。

工具栏："文字"→"单行文字"。

"Text"可为图形标注一行或几行文本，每一行文本作为一个实体。该命令同时设置文本的当前样式、旋转角度Rotate、对齐方式Justify和字高Resize等。

2）操作步骤。

用"Text"命令在图3-1-28中标注文本，设置新字体的方法，中文采用仿宋字型，其操作步骤如下：

命令：Text　　　　　　　　　　　（执行Text命令）
当前文字样式："Standard"　文字高度：47.3340　注释性：否
指定文字的起点或［对正(J)/样式(S)］：S
输入样式名或［?］＜Standard＞：（输入当前字型为仿宋）
输入选项
［对齐(A)/布满(F)/居中(C)/中间(M)/右对齐(R)/左上(TL)/中上(TC)/右上(TR)/左中(ML)/正中(MC)/右中(MR)/左下(BL)
/中下(BC)/右下(BR)］：MC　　　　（选择中心对齐方式）
指定文字中心点：　　　　　　　　　（设置文本中心点与拾取中心对齐,文本中心即如图3-1-27中矩形的中心点）
文字旋转角度＜180＞:0　　　　　　（设置文字旋转度为0°）
文字:宁夏建筑设计院　　　　　　　（输入标注文本）
命令：　　　　　　　　　　　　　　（按回车键结束文本输入）

说明
- 样式（S）：此选项用于指定文字样式，即文字字符的外观。执行选项后，系统出现提示信息输入样式名或［?］＜Standard＞:"输入已定义的文字样式名称或单击回车键选用当前的文字样式；也可输入"?"，系统提示"输入要列出的文字样式＜*＞:"，单击回车键后，屏幕转为文本窗口列表显示图形定义的所有文字样式名、字体文件、高度、宽度比例、倾斜角度、生成方式等参数。
- 对齐（A）：标注文本在用户文本基线的起终点之间保持字符宽度因子不变，通过调整字符的高度来匹配对齐。
- 居中（C）：文本以基线的中点为对齐点。
- 中间（M）：文本以中线的中点为对齐点。
- 右对齐（R）：文本以基线的最右端点为对齐点。
- 左上（TL）：文本以顶线的最左端点为对齐点。
- 中上（TC）：文本以顶线的中点为对齐点。
- 右上（TR）：文本以顶线的右端点为对齐点。
- 左中（ML）：文本以中线的最左端点为对齐点。
- 正中（MC）：文本以字串的几何中心点为对齐点。
- 右中（MR）：文本以中线的最右端点为对齐点。
- 左下（BL）::文本以底线的最左端点为对齐点。
- 中下（BC）：文本以底线的中点为对齐点。
- 右下（BR）：文本以底线的最右端点为对齐点。

【注意】
（1）ML、MC、MR三种对齐方式中所指的中点均是文本大写字母高度的中点，即文本基线到文本顶端距离的中点；Middle所指的文本中点是文本的总高度（包括如j、y等字符的下沉部分）的中点，即文本底端到文本顶端距离的中点，如图 3-1-29 所示。如果文本串中不含 j、y 等下沉字母，则文本底端线与文本基线重合，MC 与 Middle 相同。

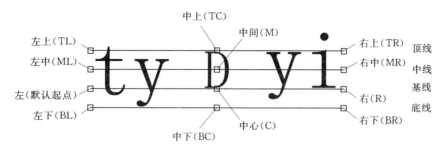

图 3-1-29　三种对齐方式

（2）在"? 列出有效的样式/＜文字样式＞ ＜Standard＞:"提示后输入"?"，需列出清单的直接回车，系统将在文本窗口中列出当前图形中已定义的所有字型名及其相关设置。

（3）用户在输入一段文本并退出 Text 命令后，若再次进入该命令（无论中间是否进行了其他命令操作），字高、角度等文本特性将沿用上次的设定。

（2）多行文本标注。

1）命令格式。

命令行：Mtext（MT、T）。

菜单："绘图"→"文字"→"多行文字"。

工具栏："绘图"→"多行文字" A。

Mtext 可在绘图区域用户指定的文本边界框内输入多行文字内容，并将其视为一个实体。此文本边界框定义了段落的宽度和段落在图形中的位置。

2）操作步骤。

在绘图区标注一段文本，结果如图 3-1-30 所示。操作步骤如下：

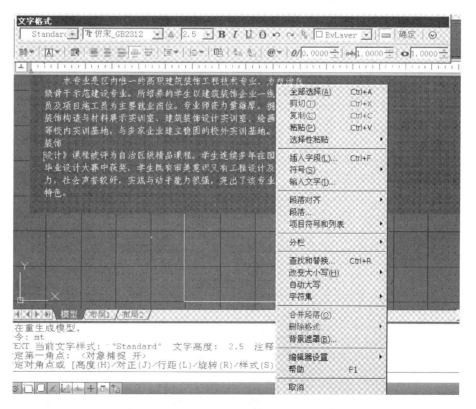

图 3-1-30　多行文字编辑对话框及右键菜单

命令：Mtext	（执行 Mtext 命令）	
当前文字样式："Standard"　文字高度：2.5　注释性：否		
指定第一角点：	（选择段落文本边界框的第一角点，在屏幕上拾取一点）	
指定对角点或［高度(H)/对正(J)/行距(L)/旋转(R)/样式(S)/宽度(W)/栏(C)］：s		
输入 S	（重新设定样式）	
输入样式名（或'?'）<Standard>：仿宋	（选择仿宋为当前样式）	

选择字块对角点，弹出对话框输入汉字"本专业是区内唯一的高职建筑装饰工程技术专业……（此处略）"，单击"OK"按钮结束文本输入。

　　Auto CAD 2011 实现了多行文字的"所见即所得"效果。也就是说在编辑对话框中看到显示效果与图形中文字的实际效果完全一致，并支持在编辑过程中使用鼠标中键进行缩放和平移。

　　由以往的多行文字编辑器改造为在位文字编辑器，对文字编辑器的界面进行了重新部署。新的在位文字编辑器包括三个部分：文字格式工具栏、菜单选项和文字格式选项栏。增强了对多行文字的编辑功能，比如上划线、标尺、段落对齐、段落设置等。

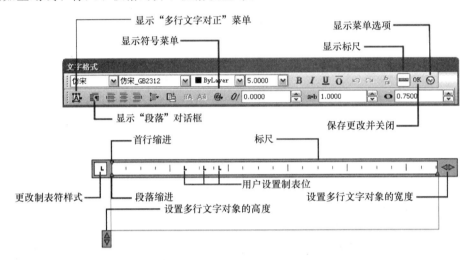

图 3-1-31　多行文字编辑对话框

　　对话框中部分按钮和设置的简单说明如图 3-1-31 所示。其他主要选项功能说明见表 3-1-2。

表 3-1-2　　　　　　　　　　　　"文字格式"工具栏选项及按钮说明

图　标	名　称	功　能　说　明
仿宋 ▼	样式	为多行文字对象选择文字样式
仿宋_GB2312 ▼	字体	用户可以从该下拉列表框中任选一种字体修改选定文字或为新输入的文字指定字体
■ ByLayer ▼	颜色	用户可从颜色列表中为文字任意选择一种颜色，也可指定随层或随块的颜色，使之与所在图层或所在块相关联。或在颜色列表中选择"其他颜色"开启"选择颜色"对话框，选择颜色列表中没有的颜色
5.0000 ▼	文字高度	设置当前字体高度。可在下拉列表框中选取，也可直接输入
B I U O̅	粗体/斜体/上划线/下划线	设置当前标注文本是否加黑、倾斜、加下划线或加上划线
↺	撤销	撤销上一步操作
↻	重做	重做上一步操作
ᵇₐ	堆叠	设置文本的重叠方式。只有在文本中含有"/"、"^"、"♯"三种分隔符号，且含这三种符号的文本被选定时，该按钮才被执行

在文字输入窗口中单击鼠标右键，将弹出一个快捷菜单，通过此快捷菜单可以对多行文本进行更多设置，如图 3-1-30 所示。

说明

- 全部选择：选择"在位文字编辑器"文本区域中包含的所有文字对象。
- 选择性粘贴：粘贴时可以会清除某些格式。用户可以根据需要，将粘贴的内容做出相应的格式清除，以达到其期望的结果。

无字符格式粘贴：清除粘贴文本的字符格式，仅粘贴字符内容和段落格式，无字体颜色、字体大小、粗体、斜体、上下划线等格式。

无段落格式粘贴：清除粘贴文本的段落格式，仅粘贴字符内容和字符格式，无制表位、对齐方式、段落行距、段落间距、左右缩进、悬挂等段落格式。

无任何格式粘贴：粘贴进来的内容只包含可见文本，既无字符格式也无段落格式。

- 插入字段：开启"字段"对话框，通过该对话框创建带字段的多行文字对象。
- 符号：选择该命令中的子命令，可以在标注文字时输入一些特殊的字符，例如"ø"、"°"等。
- 输入文字：选择该命令可以打开"选择文件"对话框，利用该对话框可以导入在其他文本编辑中创建的文字。
- 段落对齐：设置多行文字对象的对齐方式。
- 段落：设置段落的格式。
- 查找和替换：在当前多行文字编辑器中的文字中搜索指定的文字字段并用新文字替换。但要注意的是，替换的只是文字内容，字符格式和文字特性不变。
- 改变大小写：改变选定文字的大小写。
- 自动大写：设置即将输入的文字全部为大写。该设置对已存在的文字没有影响。
- 合并段落：选择该命令，可以合并多个段落。
- 删除格式：选择该命令，可以删除文字中应用的格式，例如加粗、倾斜等。
- 背景遮罩：打开"背景遮罩"对话框。为多行文字对象设置不透明背景。
- 堆叠/非堆叠：为选定的文字创建堆叠，或取消包含堆叠字符文字的堆叠。此菜单项只在选定可堆叠或已堆叠的文字时才显示。
- 堆叠特性：打开"堆叠特性"对话框。编辑堆叠文字、堆叠类型、对齐方式和大小。此菜单项只在选定已堆叠的文字时才显示。
- 编辑器设置：显示"文字格式"工具栏的选项列表。

始终显示为 WYSIWYG（所见即所得）：控制在位文字编辑器及其中文字的显示。

显示工具栏：控制"文字格式"工具栏的显示。要恢复工具栏的显示，请在"在位文字编辑器"的文本区域中点击鼠标右键，并选择"编辑器设置"→"显示工具栏"菜单项。

显示选项：控制"文字格式"工具栏下的"文字格式"选项栏的显示。选项栏的显示是基于"文字格式"工具栏的。

显示标尺：控制标尺的显示。

不透明背景：设置编辑框背景为不透明，背景色与界面视图中背景色相近，用来遮挡住编辑器背后的实体。默认情况下，编辑器是透明的。

【注意】

（1）选中"始终显示为 WYSIWYG"项时，此菜单项才会显示。

（2）了解多行文字：显示在位文字编辑器的帮助菜单，包含多行文字功能概述。

（3）取消：关闭"在位文字编辑器"，取消多行文字的创建或修改。

【注意】

（1）"Mtext"命令与"Text"命令有所不同，"Mtext"输入的多行段落文本是作为一个实体，只能对其进行整体选择、编辑；"Text"命令也可以输入多行文本，但每一行文本单独作为一个实体，可以分别对每一行进行选择、编辑。"Mtext"命令标注的文本可以忽略字型的设置，只要用户在文本标签页中选择了某种字体，那么不管当前的字型设置采用何种字体，标注文本都将采用用户选择的字体。

（2）输入文本的过程中，可对单个或多个字符进行字体、高度、加粗、倾斜、下划线、上划线等设置，这点与字处理软件相同。其操作方法是：按住并拖动鼠标左键，选中要编辑的文本，然后再设置相应选项。

（3）用户若要修改已标注的 Mtext 文本，可选取该文本后，单击鼠标右键，在弹出的快捷菜单中选"特性"项，即在"对象属性"对话框内进行文本修改。

3. 1. 3. 6　尺寸的标注

尺寸是室内设计施工图中不可缺少的部分，在工程图中用尺寸来确定工程形状的大小。本章主要介绍了尺寸标注样式、多重引线样式、尺寸标注和多重引线标注的创建、设置和编辑。

1. 尺寸标注的组成

一个完整的尺寸标注由尺寸界线、尺寸线、尺寸文字、尺寸箭头等部分组成，如图 3 - 1 - 32 所示。

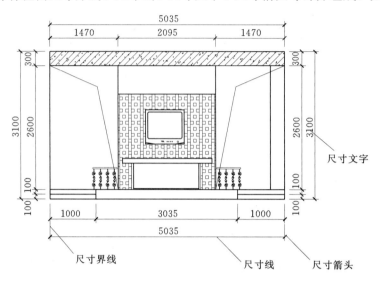

图 3 - 1 - 32　完整的尺寸标注

- 尺寸界线：用以表示尺寸的起始位置。它从图形的轮廓线、轴线引出，有时用轮廓线代替。
- 尺寸线：用于表示标注尺寸的方向和范围。放于尺寸界线之间，通常与标注对象平行。对于线性标注，尺寸线显示为一直线段；对于角度标注，尺寸线显示为一段圆弧。一般情况下，尺寸线应与尺寸界线相互垂直。
- 尺寸箭头：用于尺寸线两端，以确定测量的开始位置和结束位置，常用斜线（建筑标记）和箭头两种形式，在室内设计图纸中采用斜线标注。
- 尺寸文字：显示测量值的字符串，由数字、参数和特殊符号组成，还可以包括前缀、后缀和公差等。

2. 尺寸标注的设置

（1）命令格式。

命令行：Ddim（D）。

菜 单："格式"→"标注样式"。

工具栏："标注"→"标注样式" ⏣。

用户在进行尺寸标注前，应首先设置尺寸标注格式，然后再用这种格式进行标注，这样才能获得满意的效果。

如果用户开始绘制新的图形时选择了公制单位，则系统默认的格式为 ISO - 25（国际标准组织），用户可根据实际情况对尺寸标注格式进行设置，以满足使用的要求。

（2）操作步骤。

命令：Ddim。

执行 Ddim 命令后，出现如图 3 - 1 - 33 所示的"标注样式管理器"对话框。

在"标注样式管理器"对话框中，用户可以按照国家标准规定以及具体使用要求，新建标注格式。同时，用户也可以对已有的标注格式进行局部修改，以满足当前的使用要求。

再次打开"室内设计施工图模板"样板文件，下面将创建一个名为"室内标注样式"的尺寸标注样式，所有的图形标注将调用该样式。点击"新建"按钮、系统打开"创建新标注样式"对话框，如

图 3-1-34 所示。在该对话框中可以创建新的尺寸标注样式。单击"新建"按钮，在打开的"创建新标注样式"对话框中输入新样式的名称"室内标注样式"，如图 3-1-34 所示。

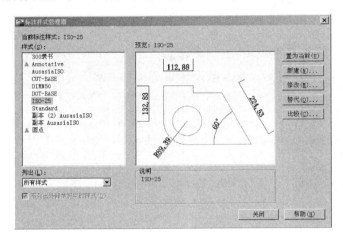

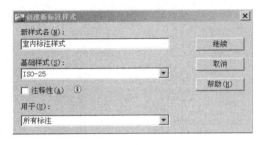

图 3-1-33 "标注样式管理器"对话框　　　　　　图 3-1-34 创建新标注样式

单击"继续"按钮，开始"室内标注样式"新样式设置。系统打开"新建标注样式"对话框，如图 3-1-35 所示。该对话框中包括线、符号和箭头、文字、调整、主单位、换算单位、公差等 7 个选项卡。

选择"线"选项卡，分别对尺寸线和延伸线（尺寸界线）等参数进行调整。

"线"选项卡说明

此区域用于设置和修改直线样式，参数如图 3-1-35 所示。

- 尺寸线颜色：下拉列表框用于显示标注线的颜色，用户可以在下拉框列表中选择。
- 超出标记：用于设置尺寸线超出尺寸界线的长度。
- 基线间距：用于设置基线标注中平行尺寸线之间的距离。
- 超出尺寸线：用于设置尺寸界线超出尺寸线的长度。
- 起点偏移量：用于设置尺寸界线起点与尺寸定义点的偏移距离（尺寸定义点是在进行尺寸标注时用对象捕捉方式指定的点），建筑图中一般设为 2 以上。

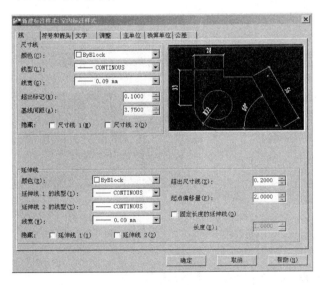

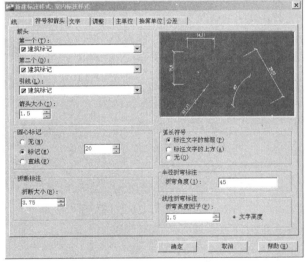

图 3-1-35 新建标注样式对话框（"线"选项卡）　　　图 3-1-36 "符号和箭头"选项卡

选择"符号和箭头"选项卡，对箭头类型、大小等进行设置，如图 3-1-36 所示。

"符号与箭头"选项卡说明

- 箭头：箭头改成建筑标记。选择第一、第二尺寸箭头的类型。与第一尺寸界线相连的，即第一尺寸箭头；反之则为第二尺寸箭头。用户也可以自己设计箭头形式，并存储为块文件，以供使用。

- 箭头大小：设置尺寸箭头的尺寸。输入的数值可控制尺寸箭头长度方向的尺寸，尺寸箭头的宽度为长度的40％。
- 圆心标记：用于控制直径标注与半径标注的圆心标记的外观。
- 屏幕预显区：从该区域可以了解用上述设置进行标注可得到的效果。

选择"文字"选项卡，设置文字样式为"尺寸标注"，其他参数设置如图3-1-37所示。

图3-1-37 "文字"选项卡

"文字"选项卡说明

此对话框用于设置尺寸文本的字型、位置和对齐方式等属性，如图3-1-37所示。

- 文字样式：用户可以在此下拉式列表框中选择一种字体类型，供标注时使用。也可以点击右侧的按钮，系统打开"文字样式"对话框，在此对话框中对文字字体进行设置。
- 文字颜色：选择尺寸文本的颜色。用户在确定尺寸文本的颜色时，应注意尺寸线、尺寸界线和尺寸文本的颜色最好一致。
- 文字高度：设置尺寸文本的高度。此高度值将优先于在字体类型中所设置的高度值。
- 文字对齐：设置文本对齐方式。
- 水平：设置尺寸文本沿水平方向放置。文字位置在垂直方向有4种选项：置中、上方、外部和JIS。文字位置在水平方向共有五种选项：置中、第一条尺寸界线、第二条尺寸界线、第一条尺寸界线上方、第二条尺寸界线上方。

- 与尺寸线对齐：尺寸文本与尺寸线对齐。文字位置选项同上。
- ISO标准：尺寸文本按ISO标准。文字位置选项同上。
- 屏幕预览区：从该区域可以了解用上述设置进行标注可得到的效果。

选择"调整"选项卡，该对话框用于设置尺寸文本与尺寸箭头的有关格式，在"标注特征比例"选项组中勾选"注释性"复选框，使标注具有注释性功能，其他设置内容如图3-1-38所示。完成设置后，单击"确定"按钮返回"标注样式管理器"对话框，单击"置为当前"按钮，然后关闭对话框，完成"室内标注样式"标注样式的创建。

"调整"选项卡说明

- 调整选项：该区域用于调整尺寸界线、尺寸文本与尺寸箭头之间的相互位置关系。在标注尺寸时，当没有足够的空间将尺寸文本与尺寸箭头全写在两尺寸界线之间时，可选择以下的摆放形式，来调整尺寸文本与尺寸箭头的摆放位置。

- 文字或箭头，取最佳效果：选择一种最佳方式来安排尺寸文本和尺寸箭头的位置。

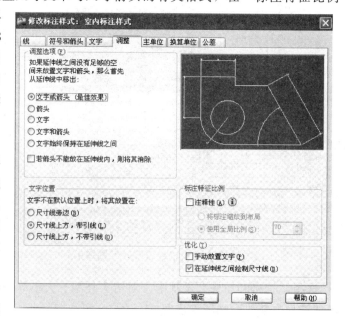

图3-1-38 "调整"选项卡

- 箭头：选择当尺寸界线间空间不足时，将尺寸箭头放在尺寸界线外侧。
- 文字：选择当尺寸界线间空间不足时，将尺寸文本放在尺寸界线外侧。
- 文字和箭头：选择当尺寸界线间空间不足时，将尺寸文本和尺寸箭头都放在尺寸界线外侧。
- 手动放置文字：在标注尺寸时，如果上述选项都无法满足使用要求，则可以选择此项，用手动方式调节尺寸文本的摆放位置。
- 文字位置：该区域用来设置特殊尺寸文本的摆放位置。当尺寸文本不能按上面所规定的位置摆放时，可以通过下面的选项来确定其位置。

尺寸线旁边：将尺寸文本放在尺寸线旁边。

尺寸线上方，加引线：将尺寸文本放在尺寸线上方，并用引出线将文字与尺寸线相连。

尺寸线上方，不加引线：将尺寸文本放在尺寸线上方，而且不用引出线与尺寸线相连。

"主单位"选项卡说明

该对话框用于设置线性标注和角度标注时的尺寸单位和尺寸精度，设置内容均为默认。

- 精度：设置尺寸标注的精度。
- 线性尺寸舍入到：此选项用于设置所有标注类型的标注测量值的四舍五入规则（除角度标注外）。

"换算单位"选项卡说明

该对话框用于设置换算单位的格式和精度，设置内容均为默认。通过换算单位，用户可以在同一尺寸上表现用两种单位测量的结果，一般情况下很少采用此种标注。

- 显示换算单位：选择是否显示换算单位，选择此项后，将给标注文字添加换算测量单位。
- 换算单位：设置换算单位的样式。
- 单位格式：可以在其下拉列表中选择单位替换的类型，有"科学"、"小数"、"工程"、"建筑堆叠"、"分类堆叠"等。
- 精度：列出不同换算单位的精度。
- 换算单位倍数：调整替换单位的比例因子。
- 舍入精度：调整标注的替换单位与主单位的距离。

"公差"选项卡说明

该对话框主要用于设置机械图中尺寸公差的格式和大小，本书中不做具体介绍。在此设置内容均为默认。

创建完成"室内标注样式"的尺寸标注样式之后，保存并覆盖原"室内设计施工图模板"样板文件，以备后用。

3. 尺寸标注命令

（1）线性标注。

1）命令格式。

命令行：Dimlinear（DIMLIN）。

菜单："标注"→"线性（L）"。

工具栏："标注"→"线性标注"。

线性标注指标注图形对象在水平方向、垂直方向或指定方向上的尺寸，分为水平标注、垂直标注和旋转标注三种类型。

在创建一个线性标注后，可以添加"基线标准"或者"连续标注"。基线标注是以同一尺寸界线来测量的多个标注。连续标注是首尾相连的多个标注。

2）操作步骤。

用 Dimlinear 标注如图 3-1-39 所示水平墙线和垂直墙

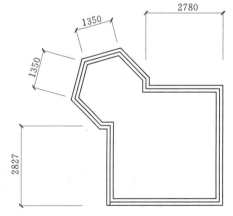

图 3-1-39 用 Dimlinear 命令标注

线的尺寸，具体操作步骤如下：

命令：Dimlinear	（执行 Dimlinear 命令）
指定第一条尺寸界线原点或<选择对象>：	（选取水平墙线一点）
第二条延伸线起始位置：	（选取水平墙线另一点）
［多行文字(M)/文字(T)/角度(A)/水平(H)/垂直(V)/旋转(R)］：	
指定一点	（确定标注线的位置）
标注文字＝2780：	（提示标注文字是 2780）

执行 Dimlinear 命令后，Auto CAD 2011 命令行提示："指定第一条尺寸界线原点或<选择对象>："，回车以后出现："第二条延伸线起始位置："，完成命令后命令行出现："多行文字（M）/文字（T）/角度（A）/水平（H）/垂直（V）/旋转（R）"。

说明

- 多行文字（M）：选择该项后，系统打开"多行文字"对话框，用户可在对话框中输入指定的尺寸文字。
- 文字（T）：选择该项后，可直接输入尺寸文字。
- 角度（A）：选择该项后，系统提示输入"指定标注文字的角度"，用户可输入标注文字的新角度。
- 水平（H）：选择该项，系统将使尺寸文字水平放置。
- 垂直（V）：选择该项，系统将使尺寸文字垂直放置。
- 旋转（R）：该项可创建旋转尺寸标注，在命令行输入所需的旋转角度。

【注意】

用户在选择标注对象时，必须采用点选法，如果同时打开目标捕捉方式，可以更准确、快速地标注尺寸。在线性标注尺寸时，可用鼠标三点法：点起点、点终点、然后点尺寸位置，标注完成。

（2）对齐标注。

1）命令格式。

命令行：Dimaligned（DAL）

菜单："标注"→"对齐（G）"

工具栏："标注"→"对齐标注"

对齐标注用于创建平行于所选对象或平行于两尺寸界线源点连线直线型尺寸。

2）操作步骤。

用 Dimaligned 命令标注如图 3-1-39 所示的倾斜墙线的尺寸，具体操作步骤如下：

命令：Dimaligned	（执行 Dimaligned 命令）
指定第一条尺寸界线原点或<选择对象>：	（鼠标选取倾斜墙线一点）
第二条延伸线起始位置：	（鼠标选取倾斜墙线另一点）
［多行文字(M)/文字(T)/角度(A)］：	
在倾斜墙线上方点取一点	（确定尺寸线的位置，完成标注）
标注文字＝1350：	（提示标注文字是 1350）

说明

- 多行文字（M）：选择该项后，系统打开"多行文字"对话框，用户可在对话框中输入指定的尺寸文字。
- 文字（T）：选择该项后，命令栏提示："标注文字<当前值>："，用户可在此后输入新的标注文字。
- 角度（A）：选择该项后，系统提示输入"指定标注文字的角度："，用户可输入标注文字角度的新值来修改尺寸的角度。

【注意】

对齐标注命令一般用于倾斜对象的尺寸标注。标注时系统能自动将尺寸线调整为与被标注线段平行，无需用户自己设置。

（3）基线标注。

1）命令格式。

命令行：Dimbaseline（DIMBASE）

菜单："标注" → "基线（B）"

工具栏："标注" → "基线标注"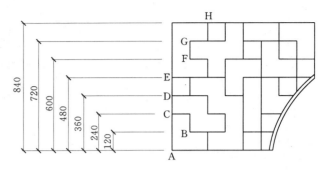

基线标注以一个统一的基准线为标注起点，所有尺寸线都以该基准线为标注的起始位置，以继续建立线性、角度或坐标的标注。

2）操作步骤。

用 Dimbaseline 命令标注如图 3-1-40 所示的图形中 B、C、D、E、F、G、H 点距 A 点的长度尺寸。假设用线性标注命令已标注出如图 3-1-40 线性尺寸 120，以下选择基线标注将以该尺寸的第一条尺寸界线为基线进行标注，操作步骤如下：

图 3-1-40　用"基线"命令标注

命令：_dimbaseline

选择基准标注：

指定第二条延伸线原点或［放弃(U)/选择(S)］＜选择＞：　　　（鼠标选取 B 点）

标注文字＝240

指定第二条延伸线原点或［放弃(U)/选择(S)］＜选择＞：　　　（鼠标选取 C 点）

标注文字＝360

·····································

指定第二条延伸线原点或［放弃(U)/选择(S)］＜选择＞：　　　（鼠标选取 H 点）

标注文字＝840

指定第二条延伸线原点或［放弃(U)/选择(S)］＜选择＞：

选择基准标注：＊取消＊

【注意】

(1) 在进行基线标注前，必须先创建或选择一个线性、角度或坐标标注作为基准标注。

(2) 在使用基线标注命令进行标注时，尺寸线之间的距离（基线间距）由用户所选择的标注样式确定，标注时不能更改。

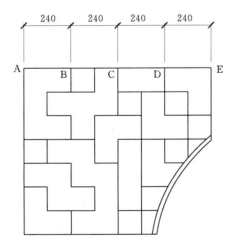

图 3-1-41　用连续标注命令标注

（4）连续标注。

1）命令格式。

命令行：Dimcontinue（DCO）

菜单："标注" → "连续（C）"

工具栏："标注" → "连续标注"

连续标注命令可以创建一系列首尾相接（端点对端点）放置的标注，每个连续标注都从前一个标注的第二个尺寸界线处开始。和基线标注一样，在进行连续标注之前，必须先创建一个线性、坐标或角度标注作为基准标注，以确定连续标注所需的前一尺寸界限。

2）操作步骤。

用连续标注命令标注其操作方法与"基线标注"命令类似，如图 3-1-41 所示，最左边的尺寸 240 已标注好，现对图形中 C、D、E 点进行连续标注，标注步骤如下：

命令：Dimcontinue　　　　　　　　　　　　　　（执行 Dimcontinue 命令）

指定第二尺寸界线原点或［放弃(U)/选择(S)］＜选择＞：

点选 C 点　　　　　　　　　　　　　　　　　　（选择尺寸界线定位点）

标注文字＝240：　　　　　　　　　　　　　　　（提示标注文字是 240）

指定第二条尺寸界线原点或［放弃(U)/选择(S)]＜选择＞：

点选 D 点选择尺寸界线定位点

标注文字＝240：   （提示标注文字是 240）

指定第二条尺寸界线原点或［放弃(U)/选择(S)]＜选择＞：

点选 E 点   （选择尺寸界线定位点）

标注文字＝240：   （提示标注文字是 240）

指定第二条尺寸界线原点或［放弃(U)/选择(S)]＜选择＞：

回车   （完成连续标注）

选择连续的标注：   （再回车结束命令）

【注意】

在进行连续标注前，必须先创建或选择一个线性、角度或坐标标注作为基准标注。

（5）直径标注。

1）命令格式。

命令行：Dimdiameter（DIMDIA）。

菜单："标注"→"直径（D)"。

工具栏："标注"→"直径标注" ⊘。

直径标注用于标注所定的圆或圆弧的直径尺寸。

2）操作步骤。

用 Dimdiameter 命令标注如图 3－1－42 所示的圆的直径，具体操作步骤如下：

命令：Dimdiameter   （执行 Dimdiameter 命令）

选取弧或圆：   （选择标注对象）

标注文字＝40：

指定尺寸线位置或［多行文字(M)/文字(T)/角度(A)]：

在圆内点取一点   （确认尺寸线位置）

用户若有需要，可根据提示输入字母，进行选项设置。各选项含义与对齐标注的同类选项相同。

【注意】

在圆内任意点取一点确定尺寸线位置时，可直接拖动鼠标确定尺寸线放置的位置，屏幕将显示其位置变化。

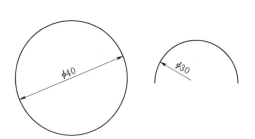 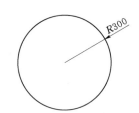

图 3－1－42　用"Dimdiameter"　　　　图 3－1－43　用"Dimradius"命令
　命令标注圆的直径　　　　　　　　标注圆的半径

（6）半径标注。

1）命令格式。

命令行：Dim radius（DIMRAD）。

菜单："标注"→"半径（R)"。

工具栏："标注"→"半径标注" ⊘。

半径标注用于标注所选定的圆或圆弧的半径尺寸。

2）操作步骤。

用"Dimradius"命令标注如图 3－1－43 所示的圆的半径，具体操作步骤如下：

命令:Dimradius   （执行 Dimradius 命令）

选取弧或圆: （选择标注对象）

标注文字＝300:

指定尺寸线位置或［多行文字(M)/文字(T)/角度(A)］:

拾取一点   （确认尺寸线的位置）

用户若有需要，可根据提示输入字母，进行选项设置。各选项含义与对齐标注的同类选项相同。

【注意】

执行命令后，系统会在测量数值前自动添加上半径符号"*R*"。

（7）圆心标记。

1）命令格式。

命令行：Dimcenter（DCE）。

菜单："标注"→"圆心标记（M）"。

工具栏："标注"→"圆心标记" ⊕ 。

圆心标记是绘制在圆心位置的特殊标记。

2）操作步骤。

执行 Dimcenter 命令后，使用对象选择方式选取需要标注的圆或圆弧，系统将自动标注该圆或圆弧的圆心位置。用 Dimcenter 命令标注如图 3－1－44 所示的圆的圆心，具体操作步骤如下：

命令:Dimcenter   （执行 Dimcenter 命令）

选取弧或圆:

选择要标注的圆   （系统将自动标注该圆的圆心位置）

【注意】

可以在"标注样式"→"直线与箭头"对话框的"圆心标记大小"来改变圆心标注的大小。

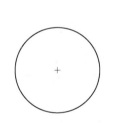

图 3－1－44　用 Dimcenter
命令标注圆的圆心

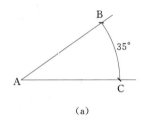

(a)

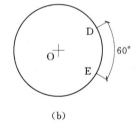

(b)

图 3－1－45　角度标注

（8）角度标注。

1）命令格式。

命令行：Dimangular（DAN）。

菜单："标注"→"角度（A）"。

工具栏："标注"→"角度标注" ◿ 。

角度标注命令可在圆、弧、任意两条不平行直线的夹角或两个对象之间创建角度标注。

2）操作步骤。

用 Dimangular 命令标注如图 3－1－45 所示图形中的角度，步骤如下：

命令:Dimangular   （执行 Dimangular 命令）

选择圆弧、圆、直线或＜指定顶点＞: （拾取 AB 边）

选择第二条直线: （拾取 AC 边,确认角度另一边）

指定标注弧线位置或［多行文字(M)/文字(T)/角度(A)］:

拾取夹角内一点   （确定尺寸线的位置）

标注文字＝35

命令：Dimangular　　　　　　　　　　（执行 Dimangular 命令）

选择圆弧、圆、直线或＜指定顶点＞：　（拾取图 3－1－45(b)圆上 D 点）

指定角的第二个端点：　　　　　　　　（拾取圆上的点 E）

指定标注弧线位置或［多行文字(M)/文字(T)/角度(A)／象限点(Q)]：

拾取一点　　　　　　　　　　　　　　（确定尺寸线的位置）

标注文字＝60

　　用户在创建角度标注时，命令栏提示"选择圆弧、圆、直线或＜指定顶点＞："，根据不同需要选择进行不同的操作。

说明

　　• 选择圆弧：选取圆弧后，系统会标注这个弧，并以弧的圆心作为顶点，弧的两个端点成为尺寸界限的起点，在尺寸界线之间绘制一段与所选圆弧平行的圆弧作为尺寸线。

　　• 选择圆：选择该圆后，系统把该拾取点当作角的第一个端点，圆的圆心作为角度的顶点，此时系统提示"指定角的第二个端点："，在圆上拾取一点即可。

　　选择直线：如果选取直线，此时命令栏提示"选择第二个条直线："。选择第二条直线后，系统会自动测量两条直线的夹角。若两条直线不相交，系统会将其隐含的交点作为顶点。

　　• 完成选择对象操作后在命令行中会出现"指定标注弧线位置或［多行文字（M）/文字（T）/角度（A）／象限点（Q）]："，用户若有需要，可根据提示输入字母，进行选项设置。各选项含义与对齐标注的同类选项相同。

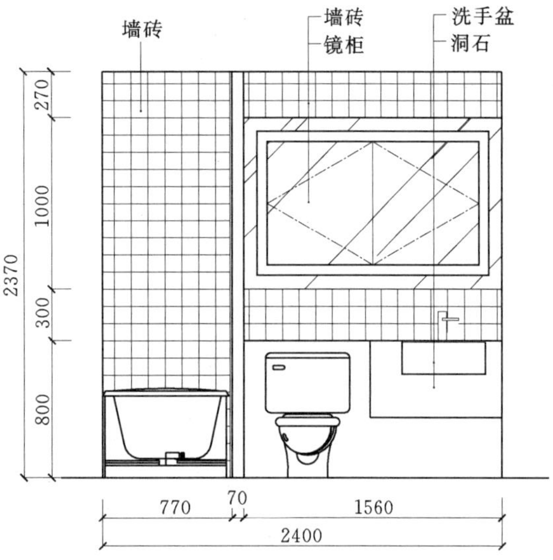

图 3－1－46　用多重引线命令标注

【注意】

　　如果用户选择圆弧，则系统直接标注其角度；如果用户选择圆、直线或点，则系统会继续提示要求用户选择角度的末点。

　　（9）多重引线标注。

　　1）命令格式。

　　命令行：mleader。

　　菜单："标注"→"多重引线（E）"。

　　"mleader"命令用于对指定部分进行文字解释说明，由引线、箭头和引线内容三部分组成。

　　2）操作步骤。

　　用 mleader 命令标注如图 3－1－46 所示的卫生间立面图的说明文字。操作步骤如下：

命令：_mleader　　　　　　　　　　　（执行 mleader 命令）

指定引线箭头的位置或［引线基线优先(L)/内容优先(C)/选项(O)]＜引线基线优先＞：

　　　　　　　　　　　　　　　　　　（确定一点作为引线箭头的位置）

指定引线基线的位置：　　　　　　　　（确定下一点作为引线基线的位置）

　　　　　　　　　　　　　　　　　　（弹出多行文字对话框）

在多行文字对话框中输入标注文字　…………………

单击"确定"退出多行文字对话框，完成多重引线标注。

【注意】

　　（1）在创建引线标注时，常遇到文本与引线的位置不合适的情况，用户可以通过夹点编辑的方式来调整引线与文本的位置。当用户移动引线上的夹点时，文本会随着移动，而移动文本时，引线也会随着移动。

　　（2）如果用户不满意标注完成的多重引线样式，可以通过"格式"→"多重引线样式（I）"命令，打开"多重引线样式管理器"对话框，如图 3－1－47 所示。点击"新建"按钮，新建一多重引线样式，如图 3－1－48 所示，并在如图 3－1－49 所示的对话框中选择"引线格式"选项卡，设置箭头符号为"点"，大小为 1 或 0.5；选择"引线结构"选项卡，设置基线距离为 8，勾选"注释性"；选择"内容"选项卡，设置文字样式为"仿宋"。这样设置完成的多重引线标注样式会较好。

（3）在用多重引线标注命令标注说明文字之前，需在 AutoCAD2011 工作界面的状态栏右下角设置当前注释比例为 1∶20 或其他合适比例，如果为 1∶1，则标注出来的说明文字可能会很小。

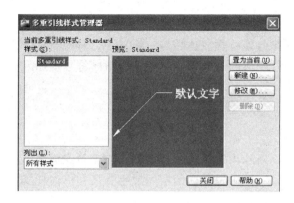

图 3-1-47　"多重引线样式管理器"对话框　　　图 3-1-48　"创建新多重引线样式"对话框

（10）快速标注。

1）命令格式。

命令行：Qdim。

菜单："标注"→"快速标注（Q）"。

工具栏："标注"→"快速标注" ⬧。

快速标注能一次标注多个对象，可以对直线、多段线、正多边形、圆环、点、圆和圆弧（圆和圆弧只有圆心有效）同时进行标注。可以标注成基准型、连续型和坐标型。

2）操作步骤。

执行 Qdim 命令，对图 3-1-41 所示的 A、B、C、D、E 各点进行快速标注，具体操作步骤如下：

图 3-1-49　"修改多重引线样式"对话框

命令：Qdim	（执行 Qdim 命令）
选择要标注的几何图形	（拾取要标注的几何对象）
选择集当中的对象：5	（提示已拾取 5 个对象）
选择要标注的几何图形：	（回车或继续拾取对象）

指定尺寸线位置或[连续(C)/并列(S)/基线(B)/坐标(O)/半径(R)/直径(D)/基准点(P)/编辑(E)]＜连续＞：

指定一点　　　　　　　　　　（确定标注位置）

说明

- 连续（C）：选此选项后，可进行一系列连续尺寸的标注。
- 并列（S）：选此选项后，可进行一系列并列尺寸的标注。
- 基线（B）：选此选项后，可进行一系列的基线尺寸的标注。
- 坐标（O）：选此选项后，可进行一系列的坐标尺寸的标注。
- 半径（R）：选此选项后，可进行一系列的半径尺寸的标注。
- 直径（D）：选此选项后，可进行一系列的直径尺寸的标注。
- 基准点（P）：为基线类型的标注定义了一个新的基准点。
- 编辑（E）：选项可用来对系列标注的尺寸进行编辑。

【注意】

执行快速标注命令并选择几何对象后，命令行提示"[连续（C）/并列（S）/基线（B）/坐标（O）/半径（R）/直径（D）/基准点（P）/编辑（E）]＜连续＞："，如果输入 E 选择"编辑"项，命令栏会提示指定要删除的标注点，或［添加（A）/退出（X）＜退出＞:］，用户可以删除不需要的有效点或通过"添加（A）"选项添加有效点。

3.1.4 任务实施

3.1.4.1 实施步骤的总体描述

样板文件的调用→轴线的绘制→标注尺寸→修剪轴线→主体结构的绘制→门窗的绘制→文字的标注→墙体的改造→装饰结构体的绘制→家具及陈设图块的插入→轴号和立面指向符号的插入→家具设备的调入→文本的标注。

3.1.4.2 平面图的具体绘制过程

1. 调用样板文件

本书第 1 章及第 3 章（子任务一）"AutoCAD 新知识链接"中，我们已创建并完成了室内设计施工图样板，该样板文件已经设置了相应的图形单位、界限范围、图层、文字及尺寸标注样式等，本书第 3 至第 5 章的实例图可以直接在此样板的基础上进行绘制。

（1）执行"文件"→"新建"命令，打开"选择样板"对话框。

（2）在对话框中选择"室内设计施工图模板"样板文件。

（3）单击"打开"按钮，以样板创建图形，新图形中包含了样板中创建的图形界限、图形单位、文本及尺寸标注样式、图层设置等内容。

（4）选择"文件"→"另保存"命令，打开"图形另存为"对话框，在"文件名"框中输入"家居室内设计施工图"文件名，单击"保存"按钮以".dwg"文件格式保存图形。

2. 绘制轴线

打开"家居室内设计施工图.dwg"文件，开始绘制三室两厅室内设计施工图，首先绘制轴线，如图 3-1-50 所示。下面讲解绘制方法。

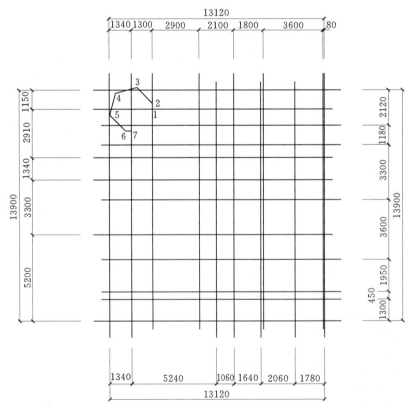

图 3-1-50　轴网（单位：mm）

（1）设置"ZX 轴线"图层为当前图层。

（2）调用 LINE/L 命令，在图形窗口中绘制长度为 15120（略大于原始平面尺寸）的水平线段，确定水平方向尺寸范围，如图 3-1-51 所示。

（3）继续调用 LINE/L 命令，在如图 3-1-52 所示的位置绘制
长约 15900mm 的垂直线段，确定垂直方向尺寸范围。

图 3-1-51　绘制水平线段

（4）调用 OFFSET/O 命令，根据如图 3-1-50 所示尺寸，依次将上开间、下开间墙体的垂直轴线向右偏移；依次将左进深、右进深墙体水平轴线向上偏移，并做适当修剪，用不同的长短来区分出上、下开间及左、右进深的轴线，结果如图 3-1-53。

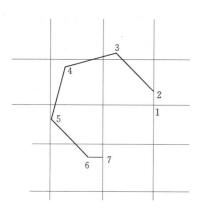

图 3-1-52　绘制垂直线段　　　　图 3-1-53　偏移线段　　　　图 3-1-54　绘制异型凸窗轴线

（5）绘制异型凸窗轴线。

参照图 3-1-50 完成图 3-1-54，由点 1 向上绘直线得到点 2（两点距离 350），开启极轴功能，设置极轴追踪角度增量角为 15°，由点 2 向左上 135°方向绘直线得到点 3（两点间矢量长 1350），再由点 3 向左下 195°方向绘直线得到点 4（两点间矢量长 1350），再由点 4 向左下 255°方向绘直线得到点 5（两点间矢量长 1350），再由点 5 向右下 315°方向绘直线得到点 6（两点间矢量长 1350），最后由点 6 向右水平方向绘制长为 400 的直线，该直线与垂直轴线修剪后得到点 7。至此，异型凸窗的轴线绘制完成，轴网也全部绘制完成，结果如图 3-1-50 所示。

3. 标注尺寸

（1）设置"BZ-标注"图层为当前图层，设置当前注释比例为 1:70。

（2）调用 DIMLINEAR/DLI 命令和 DIMCONTINUE/DCO 命令标注尺寸，结果如图 3-1-50 所示。

4. 修剪轴线

绘制的轴网需要修剪成墙体结构，以使用多线命令绘制墙体图形。修剪轴线可使用 TRIM/TR 命令，也可使用拉伸夹点法。参照图 3-1-1 进行修剪，轴网修剪后的效果如图 3-1-55 所示。因拉伸夹点法还没有介绍，目前可用前面学过的 TRIM/TR 命令。

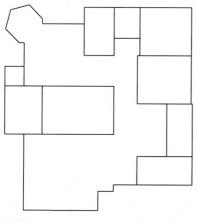

5. 绘制主体结构

（1）绘制墙体。

使用多线命令可以非常轻松地绘制墙体图形，我们用前面已定义好的 240 墙线（多线）来绘制墙体图形，具体操作步骤如下：

1）设置"QT 墙体"图层为当前图层。

图 3-1-55　轴网修剪后

2）调用 MLINE/ML 命令，设置"墙线"为当前多线样式，比例为 1，对正方式为"Z"。

3）指定多线的起点（借助对象捕捉方式），如图 3-1-56 所示。

4）指定多线下一点，如图3-1-57所示。

以同样方法继续指定下一点（继续指定多线端点3）。

【注意】

调用 MLINE/ML 命令，应先绘制外墙线，后绘制其他墙线，如图3-1-58所示。

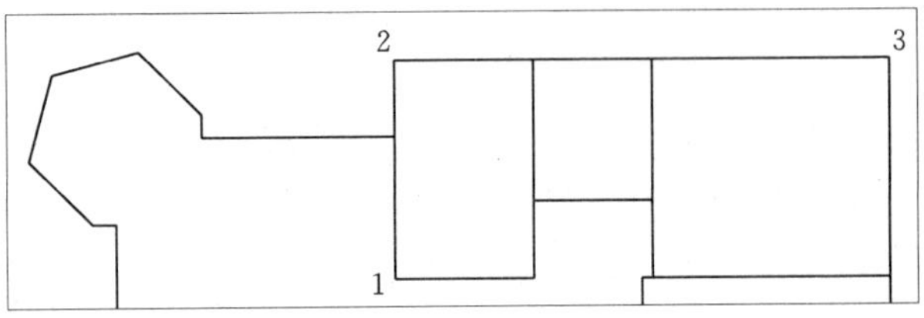

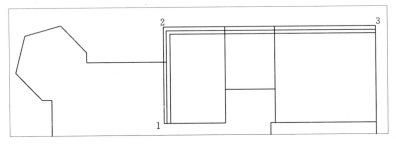

图3-1-56 指定起点1

（2）修剪墙体。

这里介绍调用 MLEDIT（编辑多线）命令修剪墙体的方法。该命令主要用于编辑多线相交或相接部分。

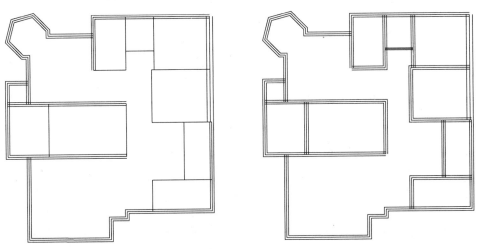

图3-1-57 指定下一点（确定多线第二个端点2）

图3-1-58 先绘制外墙线

1）在命令行中输入 MLEDIT，并按回车键，或双击已绘制的多线，调用 MLEDIT 命令，打开如图3-1-59所示的"多线编辑工具"对话框。该对话框第一列用于处理十字交叉的多线；第二列用于处理 T 形交叉的多线；第三列用于处理角点连接和顶点；第四列用于处理多线的剪切和结合。单击第一行第三列的"角点结合"样例图标，然后按系统提示进行如下操作：

当系统先后提示选择第一条多线和第二条多线时，可先单击如图3-1-60所示交点1处的水平多线，再单击垂直多线。修剪效果如图3-1-61所示。

2）调用 MLEDIT 命令，在"多线编辑工具"对话框中选择第二列第二行的"T 形打开"样例

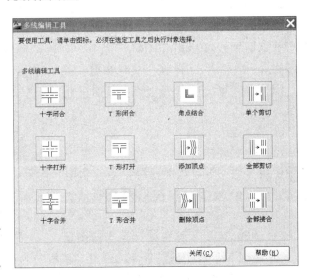

图3-1-59 多线编辑工具

图标，然后分别单击如图 3-1-60 所示的交点 2、点 3 处的两段多线（先单击垂直多线，再单击水平多线），得到修剪效果如图 3-1-61 所示。选择"角点结合"和"T 形打开"修剪交点 4 处的三段多线，修剪效果如图 3-1-61 所示。

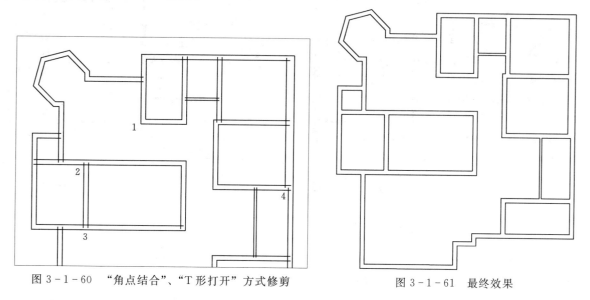

图 3-1-60 "角点结合"、"T 形打开"方式修剪　　　　图 3-1-61 最终效果

用"角点结合"、"T 形打开"方法修剪其他多线，得到最终完成后的效果如图 3-1-61 所示。

（3）绘制承重墙。

在平面图中表示出承重墙的位置是很有必要的，这对墙体的改造具有重要的参考价值。承重墙可使用填充的实体表示，绘制方法：

1）调用 L1NE/L 命令，在承重墙上绘制线段得到一个闭合的区域，如图 3-1-62 所示。

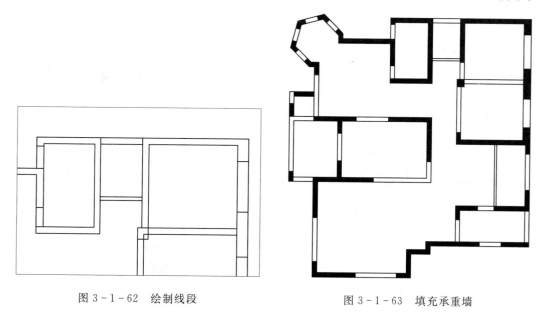

图 3-1-62 绘制线段　　　　　　　　图 3-1-63 填充承重墙

2）调用 HATCH/H 命令，对承重墙内填充"实体"图案，填充效果如图 3-1-63 所示，填充方法见 103 页。

3）使用相同的方法绘制其他承重墙，结果如图 3-1-63所示。

（4）开门窗洞。

先使用 L1NE/L 命令、OFFSET/O 命令绘制并偏移出洞口边界线，如图 3-1-64 所示，然后使用 TRIM/TR 命令对墙线进

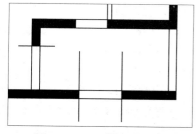

图 3-1-64 洞口边界线

行修剪，修剪出门洞，效果如图 3-1-65 所示。

使用上述同样的方法修剪出窗洞，效果如图 3-1-66 所示。

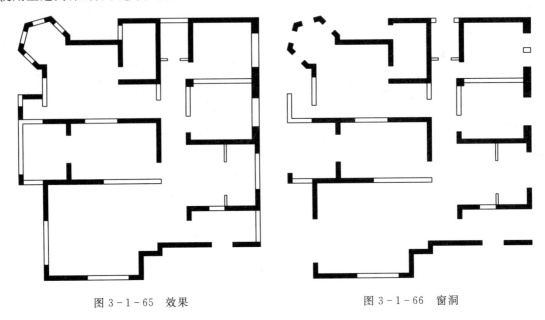

图 3-1-65　效果　　　　　　　　　　　图 3-1-66　窗洞

6. 绘制门窗

（1）绘制门。

1）设置"门窗"图层为当前图层。

2）调用 INSERT/I 命令插入门图块，或使用矩形、圆弧命令（圆心→起点→终点画弧方式）绘制门扇及其轨迹弧线，如图 3-1-67 所示。

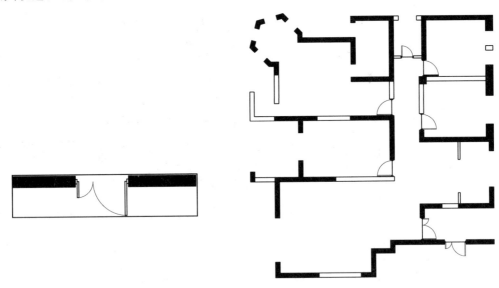

图 3-1-67　绘制门扇及其轨道弧线

（2）绘制窗。

1）使用 L1NE/L 命令，绘制线段连接墙体。

2）调用 OFFSET/O 命令，连续偏移绘制的线段 3 次，偏移的距离为 80，得出窗的图形，如图 3-1-68所示。

7. 标注文字

单击绘图工具栏多行文字工具按钮 A，或者在命令行输入多行文字命令 MTEXT/MT，标注房间名称和功能分区，结果如图 3-1-69 所示。

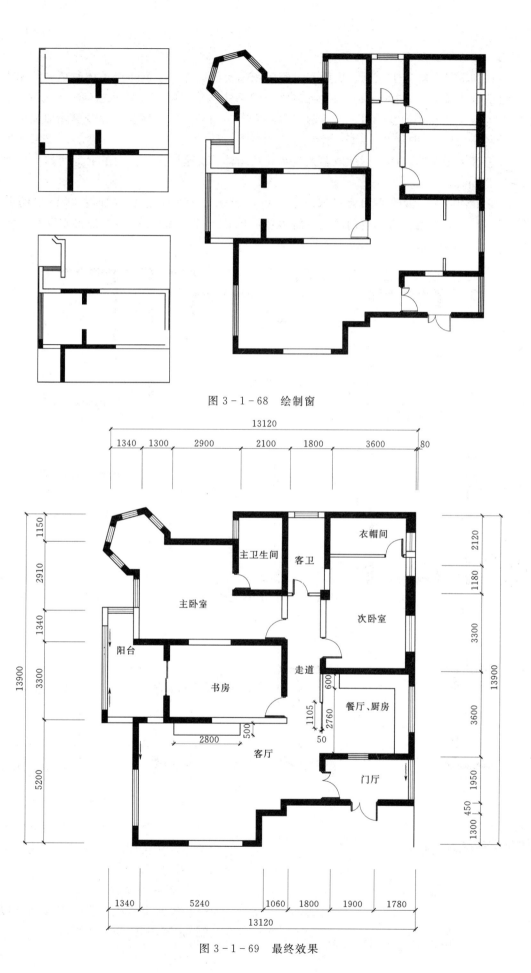

图 3-1-68 绘制窗

图 3-1-69 最终效果

8. 改造墙体

墙体改造的部分是客人卫生间、次卧室、厨房和阳台的墙体，下面讲解墙体改造的绘制方法：

（1）改造次卧室墙体。拆除原两间次卧室之间的墙体，新建隔墙（非承重墙）并形成一衣帽间，封堵通向客人卫生间和次卧室的门，使原两间次卧室合二为一（以"删除"命令删除原墙体，以"多线"命令绘制新隔墙），如图 3-1-70 所示。

（2）改造客人卫生间墙体。拆除原客人卫生间的墙体，新建墙体，扩大了卫生间的使用面积，如图 3-1-70 所示。

（3）改造阳台墙体。拆除原阳台局部墙体（以"剪切"命令删除），同时扩大窗户的面积（以"拉伸"命令修改），封堵原有阳台门（先分解墙体后以"延伸"命令修改），使得阳台视觉上更为开阔，如图 3-1-71 所示。

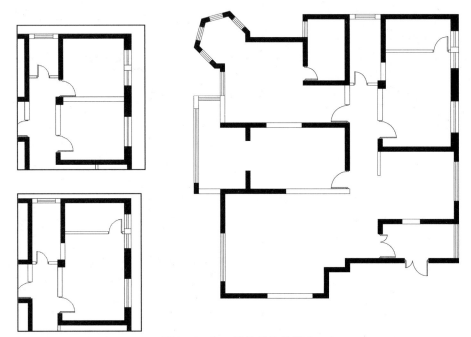

图 3-1-70 墙体改造步骤 1

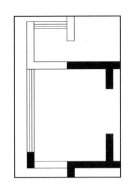 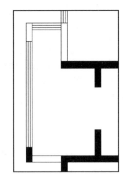

图 3-1-71 墙体改造步骤 2

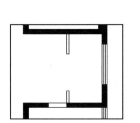 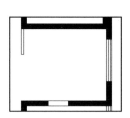

图 3-1-72 墙体改造步骤 3

（4）改造厨房墙体。拆除原厨房与餐厅之间的墙体，在餐厅处新建墙体，使厨房与餐厅合二为一，如图 3-1-72 所示。

9. 绘制装饰结构体

（1）绘制电视柜（借助偏移捕捉以矩形命令绘制），如图 3-1-73 所示。

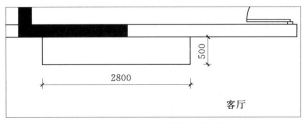

图 3-1-73 电视柜的绘制

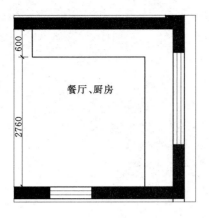

图 3-1-74　绘制厨房操作台　　　图 3-1-75　绘制推拉门　　　图 3-1-76　绘制窗帘

（2）以多段线命令绘制厨房操作台，如图 3-1-74 所示。

（3）以矩形、直线、偏移命令绘制推拉门，如图 3-1-75 所示。

（4）以多段线、样条曲线命令绘制窗帘，如图 3-1-76 所示。

10. 插入家具及陈设图块

以插入图块命令插入第 2 章实例一绘制完成的床、沙发或自行绘制的其他家具图块，效果如图 3-1-77 所示。

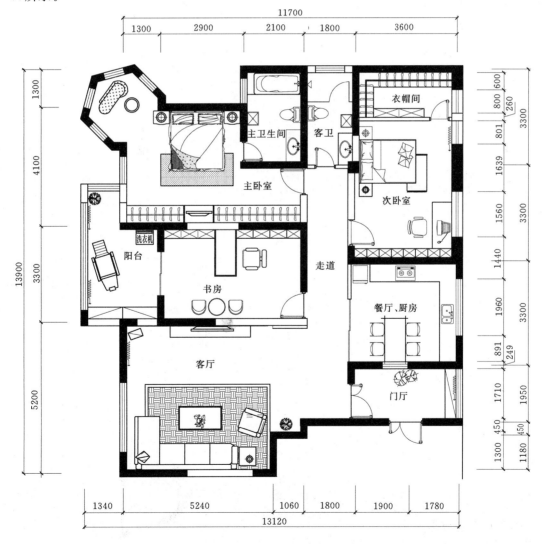

图 3-1-77　家具及陈设图块的插入

11. 插入、绘制轴号和立面指向符号

（1）以插入图块命令插入前面已绘制完成的轴号图块。

（2）在平面布置图中绘制立面指向符号。

先以直线、圆命令绘制立面指向符号的基本图形（如图 3－1－78 示），再将其复制、旋转为四个，最后以单行文字标注命令在四个圆中标注字母，效果如图 3－1－79 所示。

图 3－1－78　绘制立面指向符号的基本图形

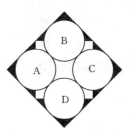

图 3－1－79　标注字母

三室两厅家居室内设计平面布置图的最终完成效果如图 3－1－80 所示。

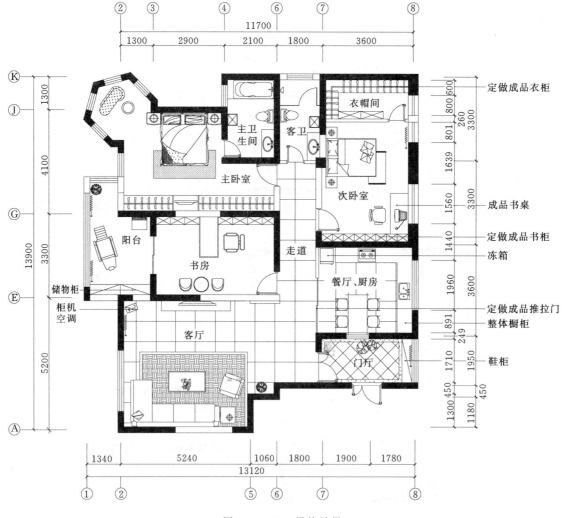

图 3－1－80　最终效果

3.1.5　课外拓展性任务与训练

绘制完成光盘自带的其他平面布置图。

3.2 子任务二：三室两厅家居室内设计顶棚图的绘制

3.2.1 任务目标及要求

3.2.1.1 任务目标

绘制完成如图 3-2-1 所示的图形。

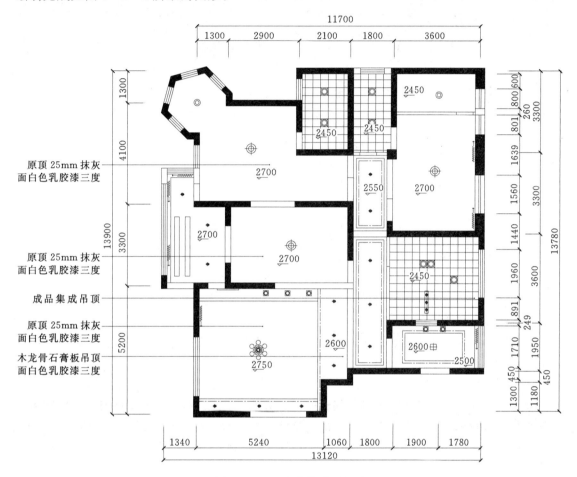

图 3-2-1 室内设计顶棚图

3.2.1.2 任务要求

1. 掌握室内顶棚造型的绘制步骤及方法。

2. 处理好建筑主体结构与吊顶装饰结构二者之间的关系。

3. 体会顶棚设计对室内设计风格的影响。

3.2.2 设计点评

顶棚是室内装饰设计的重要组成部分，也是室内空间装饰中最富有变化，透视感强、引人注目的界面。通过不同的处理，配以灯具造型，能增强空间感染力，可以使顶面造型丰富多彩，新颖美观。家居室内设计的顶棚力求简洁、大方、实用，结构不宜过于复杂，避免因吊灯而造成顶棚的压抑感。在设计的过程中应该注重整体环境效果、满足适用美观的要求、保证顶面结构的合理性和安全性。同时顶棚的结构造型也有很多，包括：平整式顶棚、凹凸式顶棚、悬吊式顶棚、井格式顶棚、玻璃顶棚等。

3.2.3 AutoCAD 新知识链接及命令操作

3.2.3.1 分解命令的使用、对象选择集的构建（对象编组命令）

1. 对象的分解

（1）命令格式。

命令行：Explode（X）。

菜单："修改"→"分解（X）"。

工具栏："修改"→"分解" ⬚。

将由多个对象组合而成的合成对象（例如图块、多段线等）分解为独立对象。

（2）操作实例。

用 Explode 命令炸开矩形，令其成为 4 条单独的直线，如图 3-2-2 所示。

（a）　　　　　　　　　　　　　　　　　　（b）

图 3-2-2　炸开矩形

操作步骤：

命令：Explode　　　　　　　　　　　　（执行 Explode 命令）

选择对象：点选矩形　　　　　　　　　　（指定分解对象）

选择集当中的对象：1　　　　　　　　　　（提示选择对象数量）

选择对象：　　　　　　　　　　　　　　（回车结束命令）

【注意】

（1）系统可一次将多个合成对象同时分解为独立的对象。

（2）将待分解的对象执行分解命令后，其线型、颜色和线宽等对象特性可能会发生改变。

（3）如果块中包含一个多段线或嵌套块，就需要进行多次分解。在首次分解的过程中，会将块中的多个对象分解为独立对象，即多段线或嵌套块，然后再次执行分解命令，分别分解该块中的各个对象。

2. 对象选择集的构建

Auto CAD 会将所选择的对象虚线显示，这些所选择的对象被称为选择集。选择集可以包含单个对象，也可以包含更复杂的多个对象。

3. 对象编组命令

在图形编辑前，首先要选择需要进行编辑的图形对象。对于一些经常需要同时操作的图形，为避免每次都重复地进行选择，可利用系统提供的组功能，将其暂时组合在一起，待操作完成后再分开。"组"是 AutoCAD 2011 系统中一个非常丰富的功能，除了组合与分开外，它还具有图形追加、临时取消等功能。

键入"group（g）"系统显示图 3-2-3 所示的对话框，常见的图形组操作有：

（1）建立图形组。

图 3-2-3　"对象编组"对话框

1）在"编组名"栏中输入新的组名。

2）单击"新建"按钮，系统返回作图窗口并提示选择要编组的对象。此时选择对象。

【注意】

选取需要新建成编组的对象后按回车键返回对话框，在上部的方框中将显示图组名。

3）单击"确定"结束。例如我们可以将如图 3-1-78 所示的所有图形编为一个"符号"组。

（2）显示图形组的构成情况。

1）在上方的"编组名"框中点取需要显示结构的组名，这时它将以反相显示。

2）单击"亮显"按钮，则屏幕自动返回作图窗口，所选图组的图形以虚线显示。

（3）从现有的组中取消部分图形。

1）在上方的"编组名"框中点取需要显示的组名，这时它将以反相显示。

2）单击"删除"按钮，则屏幕自动返回作图窗口，通过鼠标选取需要取消的图形即可。

（4）取消图形组定义。

1）在上方的"编组名"框中点取需要显示结构的组名，这时它将以反相显示。

2）单击"分解"按钮，则该组定义被取消，图组将不再存在。

（5）图形组定义有效/无效转换。

1）在上方的"编组名"框中点取需要显示结构的组名，这时它将以反相显示。

2）单击"可选择的"按钮，则被选取的图形组定义将自动在有效/无效间转换，可通过在上方的"编组名"框中的"是"或"否"予以认证。

【注意】

(1) 在一个组中可以包含有其他组。

(2) 文件串所有组的定义是否有效可通过变量 PICKSTYLE 控制。当取值为 0 时定义无效，若取值为 1 则定义有效。

3.2.3.2 对象追踪捕捉功能的使用

对象追踪捕捉是在对象捕捉功能基础上发展起来的，该功能可以使光标从对象捕捉点开始，沿着用户设置好的极轴追踪角度的对齐路径或沿着对象捕捉点的正交（水平或垂直）方向行追踪，并最终找到需要的精确位置。

对象捕捉追踪应与对象捕捉功能配合使用，其对话框如图 3-2-4 所示，使用对象捕捉追踪功能之前，必须先设置好对象捕捉点。

打开/关闭对象捕捉追踪功能的方法有 3 种：

（1）按功能键 F11。

（2）单击屏幕下方的"对象追踪"开关按钮框 。

（3）从屏幕右下方的"应用程序状态栏"菜单中取消对"对象追踪"功能的选择。

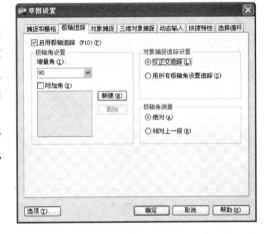

图 3-2-4 对象追踪捕捉

应用程序状态控制按钮。

绘图过程中，当提示指定点时，使用对象捕捉功能捕捉某一点（即追踪点），不单击鼠标，停顿片刻即会出现一个绿色靶框标记（可同时捕捉多个点），然后移动光标，将会出现相应的追踪路径，该追踪路径经过捕捉点，其角度与"草图设置"中的"增量角"和"附加角"相符，而且还可以显示多条对齐路径的交点，如图 3-2-5 所示。

【注意】

在进行极轴追踪的过程中，用户可输入"＜＋角度"实现对指定角度的追踪；当出现追踪线时，输入一个数值按回车键，即可得到一个位于追踪线上的新点，此点和上一点之间的距离即为用户刚才输入的数值。

3.2.3.3 修改命令的使用（打断、比例缩放、旋转）

1. 旋转

（1）命令格式。

命令行：Rotate（Ro）。

菜单："修改" → "旋转（R）"。

工具栏："修改" → "旋转" 。

通过指定的点来旋转选取的对象。

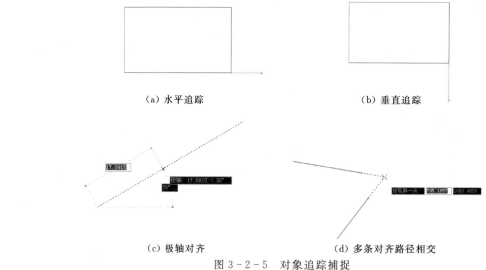

（a）水平追踪 （b）垂直追踪

（c）极轴对齐 （d）多条对齐路径相交

图 3-2-5 对象追踪捕捉

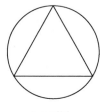

（a）原图

（b）用 Rotate 命令进行旋转

图 3-2-6 操作步骤

（2）操作步骤。

用 Rotate 命令将如图 3-2-6（a）所示的正方形内圆的一个正三角形复制旋转 180°，使得圆的上下都有一个正三角形，如图 3-2-6（b）所示。操作如下：

操作步骤：

命令：Rotate （执行 Rotate 命令）
UCS 当前的正角方向：ANGDIR＝逆时针 ANGBASE＝0
选择对象：指定对角点：找到 1 个 （点选圆内的三角形并提示已选择对象数）
选择对象： （回车结束对象选择）
UCS 当前正角方向：ANGDIR＝逆时针 ANGBASE＝0
指定基点：点选圆心 （指定旋转点）
指定旋转角度或[复制(C)/参照(R)]＜0＞:C （选择复制旋转）
旋转一组选定对象。
指定旋转角度或[复制(C)/参照(R)]＜0＞:180 （指定旋转 180）

说明

- 旋转角度：指定对象绕指定的点旋转的角度。旋转轴通过指定的基点，并且平行于当前用户坐标系的 Z 轴。
- 复制（C）：旋转对象的同时创建对象的旋转副本。
- 参照（R）：将对象从指定的角度旋转到新的绝对角度。

【注意】

对象相对于基点的旋转角度有正负之分，正角度表示沿逆时针旋转，负角度表示沿顺时针旋转。

2. 缩放

（1）命令格式。

命令行：Scale（SC）。

菜单："修改" → "缩放（L）"。

工具栏："修改" → "缩放" □。

以一定比例放大或缩小选取的对象。

（2）操作步骤。

用 Scale 命令将如图 3-2-7（a）所示的内部的小正方

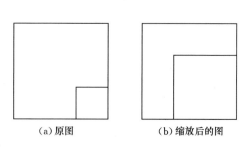

（a）原图 （b）缩放后的图

图 3-2-7 操作步骤

形放大 2 倍，形成图 3 - 2 - 7 （b）。

操作步骤：

用 Scale 命令缩小图形

命令：Scale　　　　　　　　　　　　　　（执行 Scale 命令）

选择对象：指定对角点：找到 1 个　　　　（选择要缩放的对象并提示已选对象数）

选择对象：　　　　　　　　　　　　　　（回车结束对象选择）

指定基点：点选大矩形的右下角点　　　　（指定缩放基点）

指定比例因子或［复制(C)/参照(R)］：2　（指定缩放比例）

说明

• 比例因子：以指定的比例值放大或缩小选取的对象。当输入的比例值大于 1 时，放大对象；若为 0～1 之间的小数，缩小对象。或指定的距离小于原来对象大小时，缩小对象；指定的距离大于原对象大小，则放大对象。

• 复制（C）：在缩放对象时，创建缩放对象的副本。

• 参照 （R）：按参照长度和指定的新长度缩放所选对象。

【注意】

Scale 命令与 Zoom 命令有区别，前者可改变实体的尺寸大小，后者只是缩放显示实体，并不改变实体的尺寸值。

3．打断

（1）命令格式。

命令行：Break （BR）。

菜单："修改" → "打断 （K）"。

工具栏："修改" → "打断" 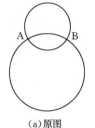。

在两点之间打断选取的对象。

（2）操作步骤。

用 Break 命令打断如图 3 - 2 - 8 （a） 所示圆的一部分，结果图形如图 3 - 2 - 8 （b） 所示。

操作步骤：

命令：_break 选择对象：　　　　　　　　（执行 Break 命令）

指定第二个打断点 或 ［第一点(F)］：f　　（重新选择打断的点）

指定第一个打断点：＞＞

正在恢复执行 BREAK 命令。

指定第一个打断点：点选点 B　　　　　　（指定要切断的第一点）

指定第二个打断点：点选点 A　　　　　　（指定要切断的第二点）

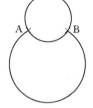

（a)原图　　　（b)用 Break 命令打断图形

图 3 - 2 - 8　操作步骤

说明

• 第一切断点(F)：在选取的对象上指定要切断的起点。

• 第二切断点(S)：在选取的对象上指定要切断的第二点。若用户在命令行输入 BREAK 命令后的第一条命令提示中选择了 S(第二切断点)，则系统将以选取对象时指定的点为默认的第一切断点。

【注意】

(1)系统在使用 Break 命令切断被选取的对象时，一般是切断两个切断点之间的部分。当其中一个切断点不在选定的对象上时，系统将选择离此点最近的对象上的一点为切断点之一来处理。

(2)若选取的两个切断点在一个位置，可将对象切开，但不删除某个部分。除了可以指定同一点，还可以在选择第二切断点时，在命令行提示下输入"@"字符，这样可以达到同样的效果。但这样的操作不适合圆，要切断圆，必须选择两个不同的切断点。

(3)在切断圆或多边形等封闭区域对象时，系统默认以逆时针方向切断两个切断点之间的部分。

3．2．3．4　标高图块的建立

标高用于表示顶面造型及地面装修完成面的高度，本节介绍标高图块的创建方法。

1．绘制标高图形

(1)定义极轴追踪的角度为 45°，绘制边长等于 3 的等腰直角三角形，效果如图 3 - 2 - 9 所示。

（2）利用拉伸命令，将三角形斜边的长度增加到当前的 2 倍，效果如图 3-2-10 所示。

（3）调用比例缩放命令中的［参照（R)］选项，将三角形的高缩放到 3，标高符号绘制完成，效果如图 3-2-11 所示。

图 3-2-9　绘制标高　　　　图 3-2-10　绘制标高　　　　图 3-2-11　最终结果

图形步骤 1　　　　　　　　图形步骤 2

2. 标高属性的定义

（1）点击"格式"菜单→"文字样式"对文字进行设置，名称为"工程文字"其中，设置文字样式为"仿宋 GB-2312"，宽度因子为 0.7，如图 3-2-12 所示。

（2）执行"绘图"→"块"→"定义属性"命令或在命令行输入 ATT，打开"属性定义"对话框，在"属性"参数栏中设置"标记"为"BG"，设置"提示"为"请输入标高值"，设置"默认"为％％P0.000。设置对正位置为"正中"，设置"文字样式"为"工程文字"，勾选"注释性"复选框，指定文字高度 3.5mm，不旋转，如图 3-2-13 所示。

图 3-2-12　步骤 1　　　　　　　　　　　图 3-2-13　步骤 2

（3）单击"确定"按钮确认，将文字放置在前面绘制的图形上，指定一个对正点，如图 3-2-14 所示。

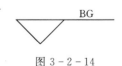

图 3-2-14

【注意】

（1）当定义图块时，有定义内部块和外部块两种方法，内部块只能够在被用户定义的当前文件中使用，而外部块是以文件的形式保存在硬盘，随时可以调用。

（2）标高块在插入的时候，可根据实际方向和大小，调整 X 和 Y 的系数。

3.2.4　任务实施

3.2.4.1　实施步骤的总体描述

复制平面图形→绘制墙体线→绘制吊顶造型→布置灯具→标注标高和文字说明。

3.2.4.2　顶棚图的具体绘制过程

1. 复制平面图形

顶棚图可在平面布置图的基础上进行绘制，复制三室两厅平面布置图，删除与顶棚图无关的图形，如图 3-2-15 所示。

2. 绘制墙体线

根据顶棚图形成原理，水平剖切面在门的位置，顶棚图中的门图形需要将门梁内外边缘表示出来，门扇和开启方向可以省略，调用 LINE/L 命令，在门洞处绘制墙体线，如图 3-2-16 所示。

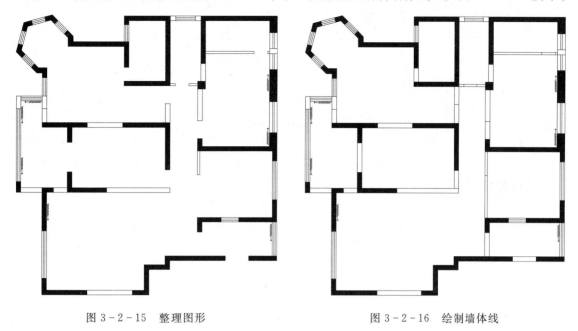

图 3-2-15　整理图形　　　　　　　　　　图 3-2-16　绘制墙体线

3. 绘制吊顶造型

(1) 设置"DD-吊顶"图层为当前图层。

(2) 先绘制客厅吊顶造型。

调用 LINE/L 命令，以偏移捕捉方式先定出点 B 的位置（点 B 相对于点 A 偏移：@-150，500，点 A 为两面内墙投影的交点），如图 3-2-17 所示。然后绘制直线 BC（点 C 可借助对象追踪捕捉确定）。

以上述同样方法绘制直线 BD。再由点 B 向 BC 相反方向绘制长为 500mm 的直线；调用 LINE/L 命令，绘制客厅电视背景墙上方的三个正方形吊顶造型，效果如图 3-2-18 所示。

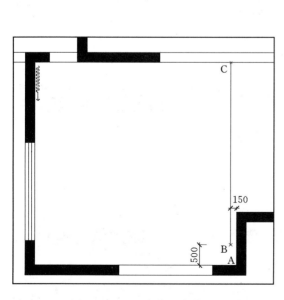

图 3-2-17　定出 B 点位置

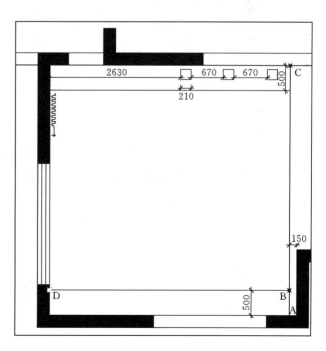

图 3-2-18　正方形吊顶

(3) 调用 LINE/L 命令，绘制客厅 240mm×3210mm 的梁位，如图 3-2-19 所示。调用矩形 RECTANG/REC 命令，同时借助偏移捕捉方式绘制过厅吊顶，造型尺寸分别为 1160mm×5070mm、

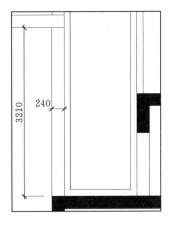

图 3 - 2 - 19　梁位

1160mm×2820mm。吊顶造型距四周墙面距离均为 120mm，如图 3-2 -20 所示。

（4）以多段线 pl 命令、矩形及打断命令，绘制阳台暗藏式窗帘盒位置线及吊顶造型（吊顶造型尺寸均为 200mm×2400mm），如图 3-2- 21 所示。

（5）调用矩形命令，同时借助偏移捕捉方式绘制餐厅吊顶，造型尺寸为 2400mm×1110mm，如图 3-2-22 所示。

（6）调用 LINE/L 命令及 ARRAY/AR（阵列）命令，绘制卫生间、厨房集成吊顶造型（吊顶分格大小为 300mm×300mm），如图 3-2-23 所示。

（7）调用 OFFSET/O 命令，将客厅的吊顶外形线、过厅及餐厅的矩形造型线向里或向外偏移 100mm，并设置为虚线，表示灯带，如图 3-2-23 所示。

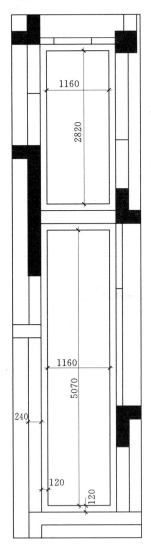

图 3 - 2 - 20　过厅吊顶

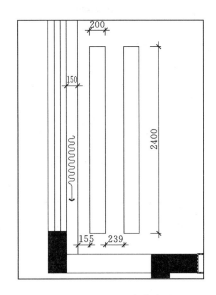

图 3 - 2 - 21　阳台窗帘盒

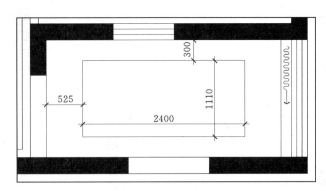

图 3 - 2 - 22　餐厅吊顶

4. 布置灯具

客厅和餐厅用到的灯具主要有吊灯和筒灯，布置方法如下：

（1）调用 LINE/L 命令，绘制辅助线，如图 3-2-24 所示。

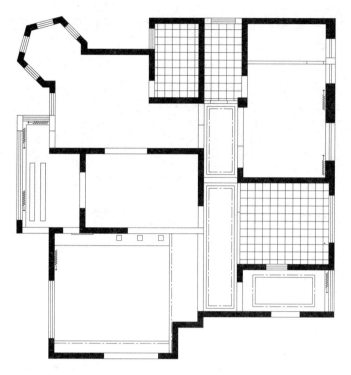

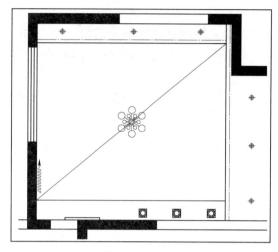

图 3-2-23 卫生间厨房集成吊顶、灯带   图 3-2-24 布置灯具步骤 1

（2）调用灯具图形：调入本书第 2 章水晶吊灯、方形槽小筒灯和吸顶灯图块文件，将吊灯图形用 MOVE_/M 命令移动到客厅顶棚图中，使用缩放、旋转命令调整其大小和方向，注意吊灯中心点与辅助线的中点对齐，然后删除辅助线，如图 3-2-25 所示。

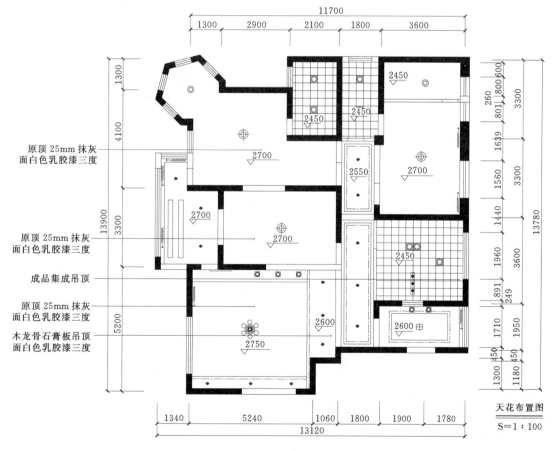

图 3-2-25 布置灯具步骤 2

（3）布置吸顶灯、筒灯：以上述同样的方法移动吸顶灯、筒灯图形到各房间适当的位置上，效果如图3-2-1所示。

5．标注标高和文字说明

（1）调用 INSERT/I 命令，插入标高图块，标注顶棚各位置的标高。

（2）调用 MLEADER/MLD 命令，标出顶棚的材料，完成家居设计顶棚图的绘制，如图3-2-1所示。

3.2.5 课外拓展性任务与训练

绘制完成光盘自带的其他顶平面图。

3.3 子任务三：三室两厅家居室内设计剖立面图的绘制

3.3.1 任务目标及要求

3.3.1.1 任务目标

绘制完成如图3-3-1所示的图形。

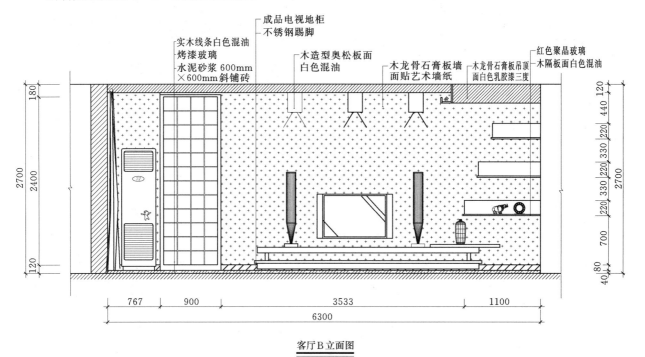

图3-3-1 室内设计剖立面图

3.3.1.2 任务要求

1．掌握室内设计立面图的绘制步骤及方法。

2．处理好建筑主体结构与立面装饰结构之间的关系。

3．体会立面设计对室内设计风格的影响。

3.3.2 设计点评

立面设计也是室内设计的重要组成部分，它能充分体现室内装饰的风格特征，其造型色彩应与室内整体相协调。本案造型简洁，构图均衡，具有现代感。

3.3.3 AutoCAD 新知识链接及命令操作

1．创建图案填充

在进行图案填充时，使用对话框的方式进行操作，非常直观和方便。

（1）命令格式。

命令行：Bhatch/Hatch（BH/H）。

菜单："绘图"→"图案填充（H）"。

工具栏："绘图"→"图案填充" 。

图案填充命令能在指定的填充边界内填充一定样式的图案。图案填充命令以对话框设置填充方式，包括填充图案的样式、比例、角度、填充边界等。

（2）操作步骤。

1）执行 Bhatch 命令，调出如图 3-3-2 所示的对话框。

2）在"图案填充"选项卡的"类型和图案"选项组中，分别设置图 3-3-3（a）的"类型"栏为"用户定义"，间距为固定值，勾选"双向"选项；图（b）的"类型"栏为"预定义"，"图案"栏中选择"SOLID"，"颜色"选择"红色"；图（c）的"类型"栏为"预定义"，"图案"栏中选择"ANSI31"和"AR-CONC"。

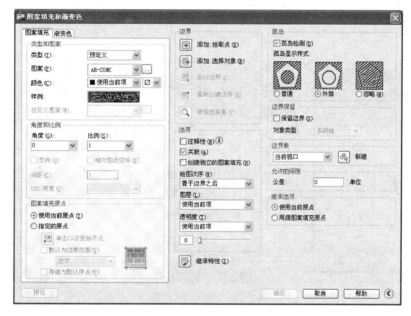

图 3-3-2　填充界面

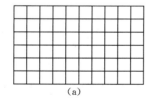 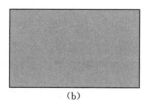 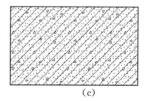

（a）　　　　　　　　　　　　（b）　　　　　　　　　　　　（c）

图 3-3-3　填充效果

3）在"角度和比例"选项组中，默认的设置"角度"为"0"，"比例"为"1"。

4）在"边界"选项组中，单击"添加：拾取点"按钮，在要填充的封闭区域内拾取一点来选取填充区域，或者单击"添加：选择对象"按钮，以对象的形式拉框选（用鼠标拉出选择框以选择所要填充的对象）择，满意效果后点"确定"按钮执行填充。

5）如图 3-3-4 所示，比例为"1"时出现（a）情况，说明比例太小；重新设定比例为"20"后，出现（b）情况，说明比例太大；不断重复地改变比例，当比例为"6"时，出现（c）情况，说明此比例合适。满意效果后点"确定"按钮执行填充，矩形中就会填充如图 3-3-4（c）的效果。

【注意】

（1）区域填充时，所选择的填充边界必须是封闭的，否则 AutoCAD 2011 会提示用户所选区域无效。

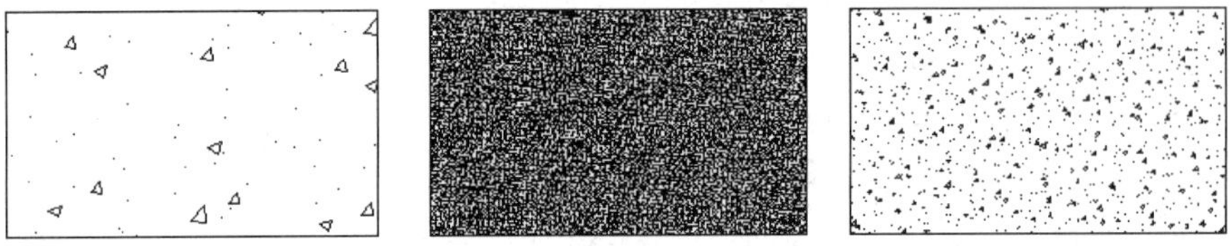

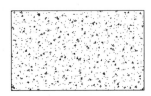

（a）比例太小　　　　　　　（b）比例太大　　　　　　（c）比例合适

图 3-3-4　填充效果

（2）填充图案是一个独立的图形对象，填充图案中所有的线都是关联的。

（3）如果有需要可以用 EXPLODE 命令将填充图案分解成单独的线条。一旦填充图案被分解成单独的线条，那么它与原边界对象将不再具有关联性。

2．设置图案填充

执行图案填充命令后，弹出"填充"对话框，下面对里面的各项分别讲述。

（1）类型和图案。

• 类型：包括预定义、用户定义和自定义三种类型，AutoCAD 2011 中默认选择"预定义"方式。

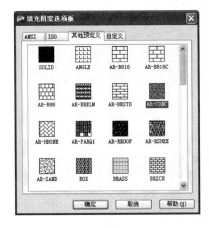

图 3-3-5　"填充图案选项板"
对话框

• 图案：显示填充图案文件的名称，用来选择填充图案。单击下拉箭头可选择填充图案。也可以点击列表后面的按钮开启"填充图案选项板"，对话框如图 3-3-5 所示。通过预览图像，选择自定义图案。自定义图案功能允许设计人员调用自行设计的图案类型，其下拉列表将显示最近使用的自定义图案。

• 样例：用于显示当前选中的图案样式。单击所选的图案样式，也可以打开"填充图案选项板"对话框。

（2）角度和比例。

• 角度：图样中剖面线的倾斜角度。缺省值是 0，用户可以输入数值改变角度。

• 比例：图样填充时的比例因子。软件提供的各图案都有缺省的比例，如果此比例不合适（太密或太稀），可以输入数值，给出新比例。

（3）图案填充原点。

原点用于控制图案填充原点的位置，也就是图案填充生成的起点位置。

• 使用当前原点：以当前原点为图案填充的起点。一般情况下，原点设置为"0，0"。

• 指定的原点：指定一点，使其成为新的图案填充的原点。用户还可以进一步调整原点相对于边界范围的位置，共有 5 种情况：左下、右下、左上、右上和正中，如图 3-3-6 所示。

• 默认为边界范围：指定图案填充对象边界的矩形范围中的四个角点或中心点为新原点。

• 存储为默认原点：把当前设置保存成默认的原点。

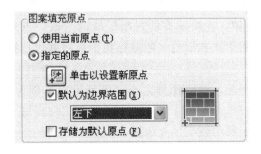

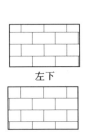

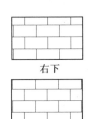

图 3-3-6　图案填充指定原点

（4）边界。

AutoCAD 2011 为用户提供了两种指定图案边界的方法，分别是通过拾取点和选择对象来确定填充的边界。

- 添加：拾取点。点取需要填充区域内的一点，系统将填充包含该点的封闭区域。
- 添加：选择对象。用鼠标来选择要填充的对象，常用在多个或多重嵌套的图形。
- 删除边界：将多余的对象排除在边界集外，使其不参与边界计算，如图 3 - 3 - 7 所示。

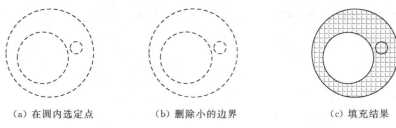

（a）在圆内选定点　　　　　　（b）删除小的边界　　　　　　（c）填充结果

图 3 - 3 - 7　删除边界图示

- 重新创建边界：以填充图案自身补全其边界，采取编辑已有图案的方式，可将生成的边界类型定义为面域或多段线，如图 3 - 3 - 8 所示。

图 3 - 3 - 8　重新创建边界

- 查看选择集：单击此按钮后，可在绘图区域亮显当前定义的边界集合。

（5）选项。

- 关联：确定填充图样与边界的关系。若打开此项，那么填充图样与填充边界保持着关联关系。当填充边界被缩放或移动时，填充图样也相应跟着变化，系统默认关联，如图 3 - 3 - 9（a）所示。

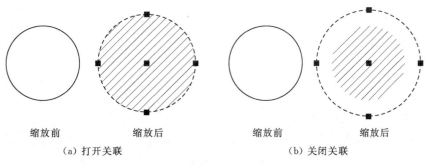

缩放前　　　　　缩放后　　　　　　　　缩放前　　　　　缩放后

（a）打开关联　　　　　　　　　　　　（b）关闭关联

图 3 - 3 - 9　关联

如果把关联前的小框中的钩去掉，就是关闭此开关，那么图案与边界不再关联，也就是填充图样不跟着变化，如图3-3-9（b）所示。

（6）预览：可以在确定应用填充之前查看效果。

（7）其他高级选项。

在默认的情况下，"其他选项"栏是被隐藏起来的，单击对话框右下角其他选按钮⊙展开后可以拉出如图3-3-10所示的扩展对话框。

图3-3-10 其他选项

1）孤岛。

• 孤岛检测：用于控制是否进行孤岛检测，将最外层边界内的对象作为边界对象。

• 普通：从外向内间隔的进行填充图案。

• 外部：只将最外层进行填充图案。

• 忽略：忽略边界内的孤岛，全图面都进行图案填充。

2）保留边界。此选项用于以临时图案填充边界创建边界对象，并将它们添加到图形中，在对象类型栏内选择边界的类型为面域或多段线。

3）边界集。用户可以指定比屏幕显示小的边界集，在一些相对复杂的图形中需要进行长时间分析操作时可以使用此项功能。

4）继承选项。当用户使用"继承特性"创建图案填充时，将以这里的设置来控制图案填充原点的位置。

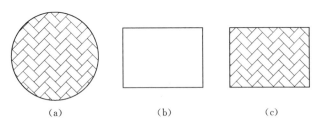

（a）　　　　　　（b）　　　　　　（c）

图3-3-11 继承特性

• 图案填充原点："使用当前原点"项表示以当前的图案填充原点设置为目标图案填充的原点；"使用源图案填充的原点"表示以复制的源图案填充的原点为目标图案填充的原点。

（8）继承特性。用于将源填充图案的特性匹配到目标图案上，并且可以在继承选项里指定继承的原点。将如图3-3-11（a）所示的图案特性匹配给图3-3-11（b），结果如图3-3-11（c）所示。

3.3.4　任务实施

3.3.4.1　实施步骤的总体描述

复制平面图形→绘制立面外轮廓→绘制吊顶剖面轮廓→绘制造型（电视背景）墙→绘制家具（或装饰结构体）→插入（陈设或设备）图块→填充图案→尺寸标注和文字注释。

3.3.4.2 立面图的具体绘制过程

客厅 B 立面图是电视所在的墙面，它主要表现了该墙面的装饰做法、造型、尺寸、材料等。

1. 复制图形

调用 COPY/CO 命令，复制三室两厅平面布置图中客厅 B 立面的平面部分，如图 3-3-12 所示。

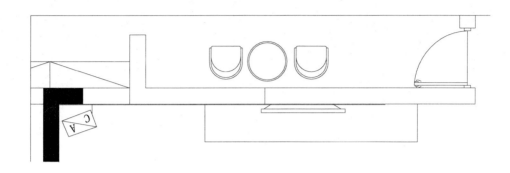

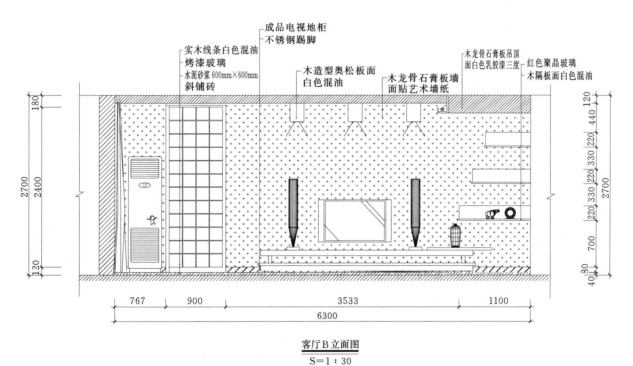

客厅B立面图
S=1：30

图 3-3-12　复制图形

2. 绘制立面外轮廓

(1) 设置"LM 立面"图层为当前图层。

(2) 调用 LINE/L 命令，绘制客厅 B 立面的墙体投影线，如图 3-3-13 所示。

(3) 调用 LINE/L 命令，在投影线的下方绘制一条水平线段表示地面，如图 3-3-14 所示。

(4) 调用 OFFSET/O 命令，向上偏移地面，得到高为 2700mm 的顶面轮廓，如图 3-3-15 所示。

(5) 调用 OFFSET/O 命令，将左侧墙线向外偏移 240mm，得到被剖切墙体的厚度，调用 TRM/TR 命令，修剪得到客厅 B 立面外轮廓，如图 3-3-16 所示。

3. 绘制吊顶剖面轮廓

调用 OFFSET/O 命令，向下偏移顶面线 120mm、270mm，将右侧墙体投影线分别向内偏移 1290mm、1310mm、1440mm、1460mm，调用 TRM/TR 命令，修剪得到客厅吊顶底面的轮廓，如图 3-3-17 所示，其细部尺寸如图 3-3-18 所示。

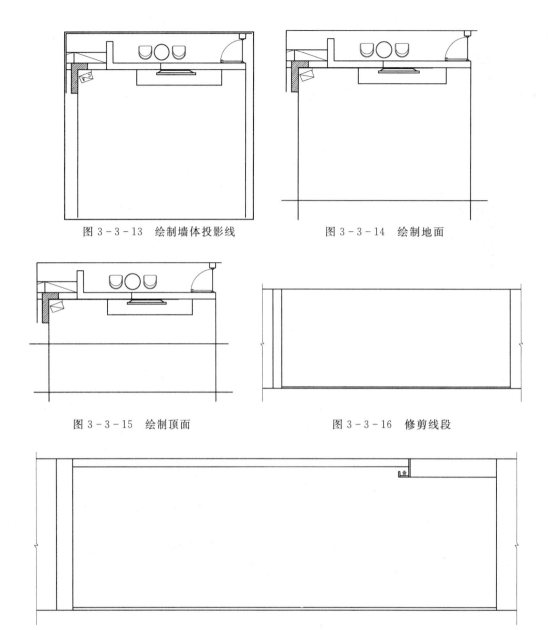

图 3-3-13 绘制墙体投影线　　　　　　　　图 3-3-14 绘制地面

图 3-3-15 绘制顶面　　　　　　　　图 3-3-16 修剪线段

图 3-3-17 客厅吊顶底面轮廓

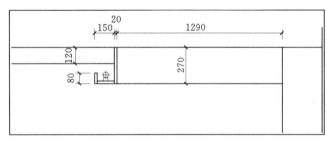

图 3-3-18 细部尺寸

4. 绘制造型墙

（1）烤漆玻璃分格的绘制。

1）调用 REC 矩形命令，绘制玻璃分格的装饰边框，大小为 900mm×2510mm，其所在位置如图 3-3-19 所示，底边框宽 80mm，其余边框宽 50mm，如图 3-3-19 所示。

2）使用 LINE/L 命令从如图 3-3-19 所示的装饰边框矩形的中心点开始绘制垂直、水平线段并与边框线相交，中心点需借助对象追踪捕捉确定，如图 3-3-20 所示。

3）利用延伸命令分别延伸图 3-3-20 中的垂直、水平线段得到如图 3-3-21 所示的两条线。

4）调用 OFFSET/O 命令，将图 3-3-21 中间的水平、垂直线段分别向上、向下、向左、向右偏移 5mm（水平线段上下偏移、垂直线段左右偏移），偏移后删除原有的垂直、水平线段。将偏移后

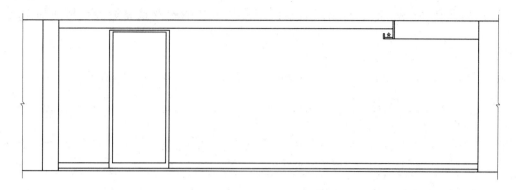

图 3-3-19　边框位置

得到的两条水平线先以阵列命令向上复制（行偏移值为 200，行数为 6），再以阵列命令向下复制（行偏移值为－200，行数为 6），结果如图 3-3-22 所示。

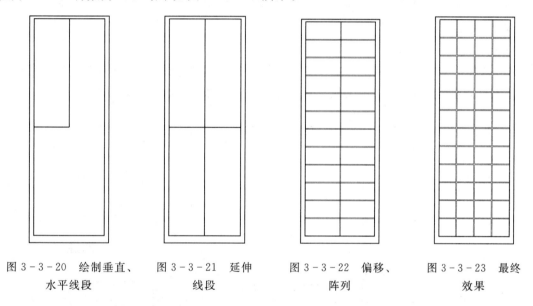

| 图 3-3-20　绘制垂直、 | 图 3-3-21　延伸 | 图 3-3-22　偏移、 | 图 3-3-23　最终 |
| 水平线段 | 线段 | 阵列 | 效果 |

　　5）调用 OFFSET/O 命令，再将如图 3-3-22 所示的偏移后得到的两条垂直线分别向左、向右阵列（向左偏移值为－200，列数为 2；向右偏移值为 200，列数为 2），结果如图 3-3-23 所示。

　　（2）绘制背景墙造型。

　　1）以 LINE/L 或 REC 命令，绘制背景墙上方的三个方形小吊顶，如图 3-3-24 所示。

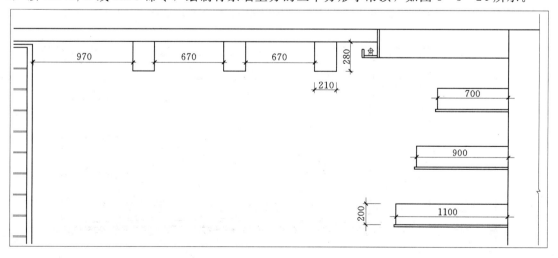

图 3-3-24　绘制吊顶、搁板、壁龛

2）再次调用 REC 命令，绘制背景墙右端的三个长方形搁板及壁龛造型，尺寸如图 3-3-24 所示。

5. 绘制电视地柜（或装饰结构体）

（1）调用 PLINE/PL 命令，由下而上绘制电视柜轮廓，如图 3-3-25 所示。

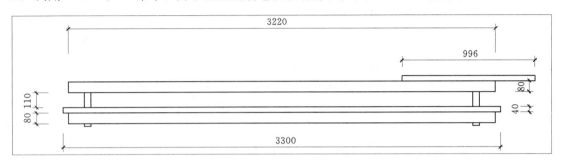

图 3-3-25　绘制电视柜轮廓

（2）修剪并细化图形。

6. 插入图块（陈设或设备）

按 Ctrl+O 快捷键，打开配套光盘提供的"第 2 章 \ 家具及陈设图例 . dwg"文件，选择需要的图块，将其复制至客厅立面区域，并对图形相交的位置进行修剪，如图 3-3-26 所示。

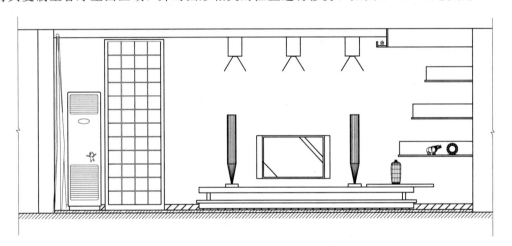

图 3-3-26　插入图块、修剪

7. 填充图案

以 HATCH/H 命令填充壁纸图案，填充前图形须呈封闭状态，如图 3-3-27 所示。

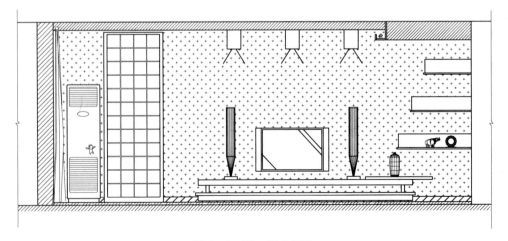

图 3-3-27　填充图案

8. 尺寸标注和文字注释

（1）设置"BZ.标注"图层为当前图层，设置当前注释比例为1:50。调用线性标注命令DIM-LINEAR/DLI进行尺寸标注，结果如图3-3-28所示。

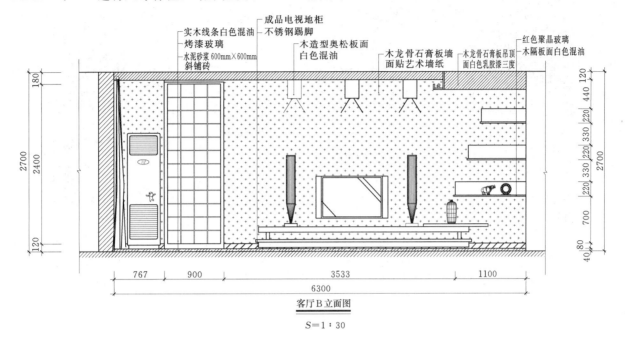

图3-3-28

（2）调用多重引线命令标注材料，效果如图3-3-1所示。

3.3.5 课外拓展性任务与训练

绘制完成光盘自带的其他立面图。

3.4 子任务四：三室两厅家居室内设计施工图的打印出图

3.4.1 任务目标及要求

3.4.1.1 任务目标

完成本章施工图的打印，效果如图3-4-1和图3-4-2所示。

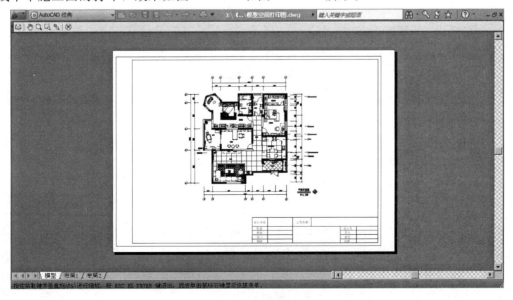

图3-4-1 效果图1

111

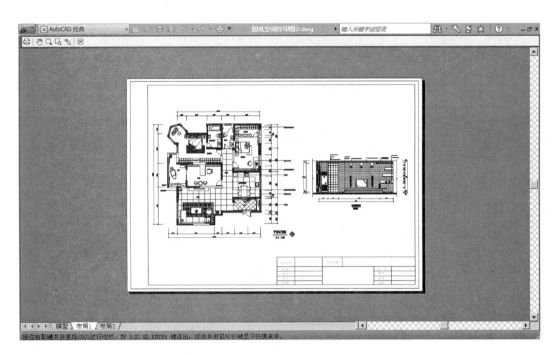

图 3-4-2 效果图 2

3.4.1.2 任务要求

要求按照制图标准和规范，掌握图纸打印技巧，具备打印出图的能力。

3.4.2 AutoCAD 新知识链接

3.4.2.1 打印机的配置

要在"添加绘图仪向导"中配置打印驱动程序。打印驱动程序配置步骤如下：

（1）系统待命状态下，在 AutoCAD 界面绘图区中单击鼠标右键，选择右键菜单中的"选项"后打开"选项"对话框，单击其中的"打印和发布"选项卡，如图 3-4-3 所示。

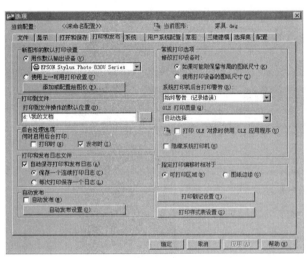

图 3-4-3 "打印"对话框

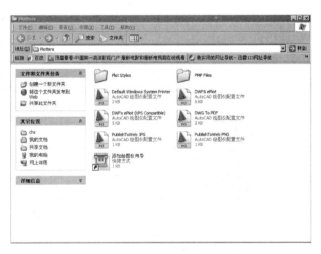

图 3-4-4 选择"添加绘图仪向导"

（2）单击"添加或配置绘图仪"按钮，进入"Plotters"对话框，如图 3-4-4 所示，双击"添加绘图仪向导"图标，弹出"添加绘图仪-简介"对话框。

（3）打开"添加绘图仪-简介"对话框，单击"下一步"按钮。进入"添加绘图仪—开始"对话框，如图 3-4-5 所示。页面左侧用三角形标记指明当前步骤，右侧有三种选择，如果用户计算机已经安装了打印机及其驱动程序，应直接选择"系统打印机"项，单击"下一步"，弹出如图3-4-6所示"系统打印机"页面。

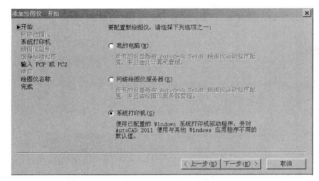

图3-4-5　"添加绘图仪-开始"对话框

图3-4-6　"系统打印机"页面

（4）在"系统打印机"页面列表框中可选择系统默认的第一种打印机（Default Windows System Printer），之后单击"下一步"，在完成页面中单击"完成"结束绘图仪（打印机）的配置。也可以选择其他已安装的打印机型号，单击"下一步"，如图3-4-6所示。在"添加绘图仪-输入PCP或PC2"和"添加绘图仪-绘图仪名称"对话框中，可按照默认选项配置，如图3-4-7和图3-4-8所示，配置完成后，进入"添加绘图仪-完成"对话框，如图3-4-9所示，单击"完成"按钮，退出添加绘图仪向导。

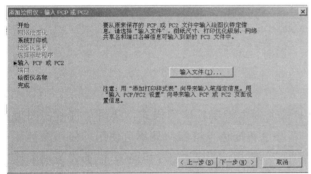

图3-4-7　添加绘图仪

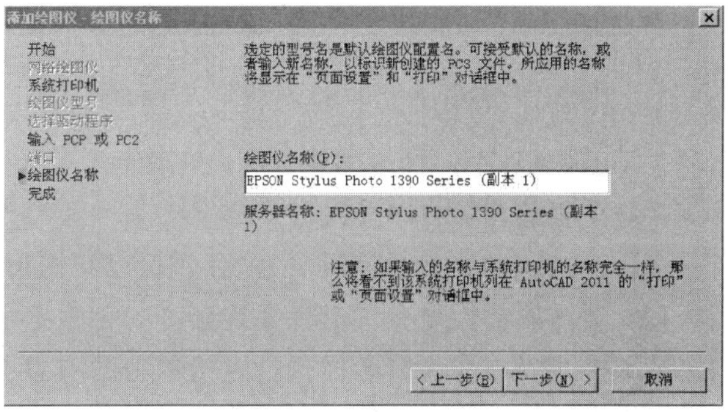

图3-4-8　"添加绘图仪-绘图仪名称"对话框

3.4.2.2　打印样式的设置

输出图形是AutoCAD计算机绘图中的一个重要环节。用户在完成某个图形绘制后，为了便于观察和实际施工制作，可将其打印输出到图纸上。在打印的时候，首先要设置打印的一些参数，参数的设置是十分关键的，本章将具体介绍如何进行图形打印和输出，重点讲解打印过程中的参数设置，如选择打印设备、设定打印样式、指定打印区域等，都可以通过打印命令调出的对话框来实现。

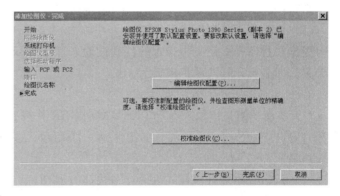

图3-4-9　"添加绘图仪-完成"对话框

1．打印样式表

打印样式用于修改图形打印的外观。图形中每个对象或图层都具有打印样式属性，如图3-4-10所示，通过修改打印样式可改变对象输出的颜色、线型、线宽等特性。图3-4-11为打印样式表设置对话框（打开"选项"对话框，单击其中的"打印和发布"选项卡，单击"打印样式表设置"按钮，调出打印样式表设置对话框），通过该对话框可以指定图形输出时所采用的打印样式，在对话框的下拉列表框中有多个打印样式可供用户选择，用户也可点击对话框的"添加或编辑打印样式表"按钮对已有的打印样式进行编辑改动，或设置（添加）新的打印样式，如图 3-4-11 所示。

图 3-4-10　编辑打印样式表

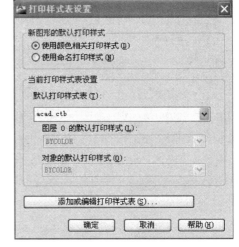

图 3-4-11　打印样式表设置

AutoCAD 中，打印样式分为以下两种：

（1）颜色相关打印样式。

该种打印样式表的扩展名为 ctb，可以将图形中的每个颜色指定打印的样式，从而在打印的图形中实现不同的特性设置。颜色限定于 255 种索引色，真彩色和配色系统在此处不可使用。使用颜色相关打印样式表不能将打印样式指定给单独的对象或者图层。使用该打印样式的时候，需要先为对象或图层指定具体的颜色，然后在打印样式表中将指定的颜色设置为打印样式的颜色。指定了颜色相关打印样式表之后，可以将样式表中的设置应用到图形中的对象或图层。如果给某个对象指定了打印样式，则这种样式将取代对象所在图层所指定的打印样式。

（2）命名相关打印样式。

根据在打印样式定义中指定的特性设置来打印图形。命名打印样式可以指定给对象，与对象的颜色无关。命名打印样式的扩展命为 stb。

2. 创建 A3 纸打印样式表

（1）在命令窗口中输入 STYLESMANAGER 并按回车键，或执行"文件"→"打印样式管理器"命令，打开 PlotStyles 文件夹，如图 3-4-12 所示。该文件夹是所有 CTB 和 STB 打印样式表文件的存放路径。

（2）双击"添加打印样式表向导"快捷方式图标，启动添加打印样式表向导，在如图 3-4-13 所示的对话框中单击"下一步"按钮。

（3）在如图 3-4-14 所示的"开始"对话框中选择"创建新打印样式表"单选项，单击"下一步"按钮。

（4）在如图 3-4-15 所示的"选择打印样式表"对话框中选择"调用颜色相关打印样式表"单选项，单击"下一步"按钮。

图 3-4-12　PlotStyles 文件夹　　　　　　　　　　图 3-4-13　添加打印样式表

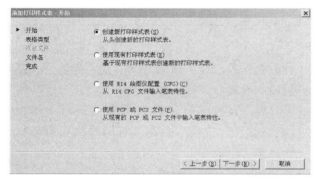

图 3-4-14　添加打印样式表向导—开始　　　　　图 3-4-15　添加打印样式表—表格类型

（5）在如图 3-4-16 所示的对话框的"文件名"文本框中输入打印样式表的名称："A3 纸打印样式表"，单击"下一步"按钮。

（6）在如图 3-4-17 所示的对话框中单击"完成"按钮，关闭添加打印样式表向导，打印样式创建完毕。

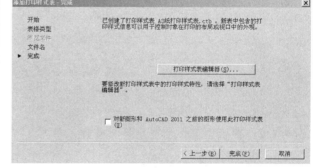

图 3-4-16　添加打印样式表向导—输入文件名　　图 3-4-17　添加打印样式表向导—完成

3. 编辑打印样式表

前面创建完成的"A3 纸打印样式表"会立即显示在 PlotStyles 文件夹中，双击该 A3 纸打印样式表，打开"打印样式表编辑器"对话框，如图 3-4-18 所示。其中"表格视图"选项卡由"打印样式"、"说明"和"特性"三个选项组组成。"打印样式"列表框显示了 255 种颜色和编号，每一种颜色可设置一种打印效果，右侧的"特性"选项组用于设置详细的打印效果，包括打印的颜色、线型、线宽等。

绘制室内施工图时，可以调用不同的线宽和线型来表示不同的结构，例如物体外轮廓调用中实线，内轮廓调用细实线，不可见的轮廓调用虚线，从而使打印的施工图清晰、美观。本书调用的颜色打印样式特性设置如表 3-4-1 所示。

表 3-4-1 颜色打印样式特性设置

打印特性 颜色	打印颜色	淡显	线型	线宽
颜色 5（蓝）	黑	100	——实心	0.35（粗实线）`
颜色 1（红）	黑	100	——实心	0.18（中实线）
颜色 74（浅绿）	黑	100	——实心	0.09（细实线）
颜色 8（灰）	黑	100	——实心	0.09（细实线）
颜色 2（黄）	黑	100	— —划	0.35（粗虚线）
颜色 4（青）	黑	100	— —划	0.18（中虚线）
颜色 9（灰白）	黑	100	— ——短划 长划	0.09（细点画线）
颜色 7（黑）	黑	100	调用对象线型	调用对象线宽

图 3-4-18 打印样式表编辑器（设置颜色 5 样式特性）

表 3-4-1 所示的特性设置，共包含了 8 种颜色样式，这里以颜色 5（蓝）为例，介绍具体的设置方法，操作步骤如下：

（1）在打印样式表编辑器对话框中单击"表格视图"选项卡，在"打印样式"列表框中选择"颜色 5"，即 5 号颜色（蓝）。

（2）在右侧"特性"选项组的"颜色"列表框中选择"黑"，如图 3-4-18 所示。因为施工图一般采用单色进行打印，所以这里选择"黑"颜色。

（3）设置"淡显"为 100，"线型"为"实心"，"线宽"为 0.35，其他参数为默认值，如图 3-4-18 所示。至此，"颜色 5"样式设置完成。在绘图时，如果将图形的颜色设置为"蓝"，在打印时将得到颜色为黑色，线宽为0.35，线型为"实心"的图形打印效果，本书所有的墙体都可以使用该颜色进行绘制。

（4）使用相同的方法，根据表 3-4-1 所示设置其他颜色样式，完成后单击"保存并关闭"按钮保存打印样式。

3.4.2.3 图纸空间、模型空间与布局（多视口的设置）

1. 模型空间

模型空间是供用户建立和修改编辑二维图形、三维模型的工作环境，主要用于作图。本书前面各章所介绍的内容命令和操作示例都是在模型空间环境中进行的，当打开 AutoCAD 的图形编辑画面并选择下方的"模型"选项卡时，就是处于模型空间之中。

模型空间也可以多视口平铺，但位置大小不能改变。在不同的视口中可以从不同的方向角度观察模型，但在打印输出时，只有当前视口的图形能被打印，图 3-4-19 为在模型空间建立的三维模型，并设置了四个平铺视口显示不同的视图。

2. 图纸空间和布局

图纸空间是二维图形环境，主要用于布图。在图纸空间可以设置一系列的布局，每一个布局内，可以安排模型空间中绘制的平面图形或三维模型的多个"快照"，并调用 AutoCAD 所有尺寸规格的

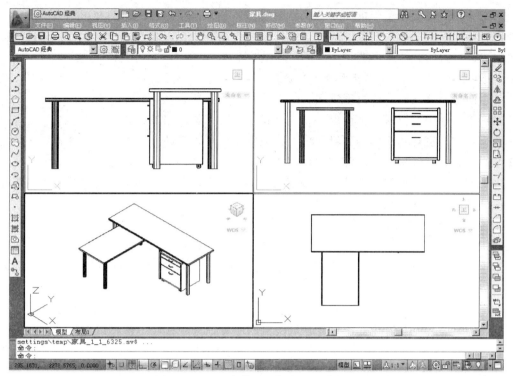

图 3-4-19 在模型空间应用四个视口

图纸和已有的各种图框。一个布局代表一张虚拟图纸,可以使用各种比例显示模型的视图,布局环境就是图纸空间。

大多数 AutoCAD 的命令都能用于图纸空间,但在图纸空间建立的二维图形,不能在模型空间显示。在布局中可以根据需要建立一个或多个浮动视口,还可以添加标注、标题栏或其他几何图形。视口显示模型空间绘制的图形,即在"模型"选项卡上创建的对象。每个视口都能以指定比例显示模型空间的图形,还可以创建多个布局,每个布局都可以包含不同的打印设置和图纸尺寸。图 3-4-20 表示三维图形的一个布局。

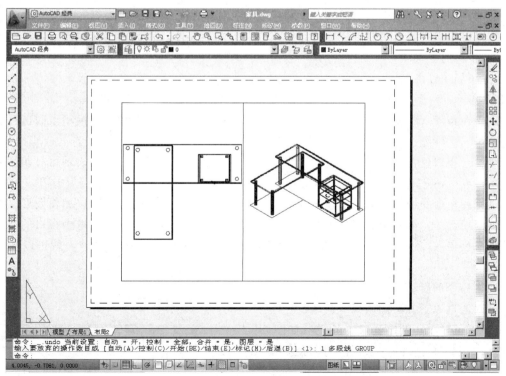

图 3-4-20 三维空间的一个布局

与布局有关的页面设置用于指定图纸尺寸、打印设备、打印范围、比例和图纸方向等信息。打印样式用于在打印时确定图形的颜色、灰度、笔分配、线型、线宽、填充式样等属性，以提高图样的表现力。使用不同的打印式样，可获得不同的打印效果。

3. 模型空间和图纸空间的不同及其相互联系

（1）一个图形有且只有一个模型空间、一个图纸空间。

（2）在图纸空间中可以有一个或多个布局，每一个布局与输出的一张图样相对应。

（3）在模型空间进行的绘图、编辑、尺寸标注等工作可以反映在图纸空间（布局）中，在布局中添加的文字、注释、标题栏、图形等，在模型空间则不会出现。

（4）多个布局共享模型空间的信息，分别与不同的页面设置和打印式样相关联，实现输出效果的多样化，保证相关数据的一致性。

4. 模型空间和图纸空间的切换

可以通过以下方法实现在模型空间和图纸空间之间的切换：

（1）单击在绘图区下方的选项卡图标按钮 模型 布局1 布局2 ，可以很方便地在模型空间和图纸空间的两个布局中自由切换。

（2）在命令行输入 mspace 可以切换到模型空间，输入 pspace 可以切换到图纸空间。

（3）进入到布局选项卡的"视口"内并双击鼠标左键，进入视口，即可以对模型空间下创建的图形进行编辑。

5. 模型空间和图纸空间在建筑设计过程中的应用

工程设计绘图建议按以下步骤进行：

（1）使用"模型"选项卡在模型空间创建图形。

（2）配置打印设备。

（3）切换到布局选项卡。

（4）指定布局页面设置，如打印设备、图纸尺寸、打印区域、打印比例和图形方向。

（5）将标题栏插入到布局中（除非使用已具有标题栏的样板图形）。

（6）创建布局视口并将其置于布局中。

（7）设置布局视口的视图比例。

（8）根据需要，在布局中添加标注、注释或创建几何图形，完成输出内容的组织。

（9）使用打印样式表编辑器，建立打印样式，并分配到实体，完成打印样式设定，实现特定的输出效果。（本步骤为任选项）

（10）在布局中输出打印图形。

6. 设置视口

视口建立在布局（图纸空间）上，是在布局上组织图形输出的重要手段，模型空间也可以建立多视口平铺。

默认情况，在白色背景的图纸空间下会显示一张白色的虚拟图纸，有一个表示可打印区域的虚线矩形界线，在界线内有实线的矩形窗口就是系统默认创建的视口，这时并无法选中图形。在这个窗口内双击可以见到矩形的细实线变成了粗实线，也就是进入了视口内，这时才可以编辑图形。在这个窗口外的白色区域双击，粗实线又变为了细实线，就再次回到了图纸空间下。先选中视口的边界，视口边界显示出蓝色夹点，单击"Delete"键，删除掉这个视口，只留下白色的区域，就可以从头开始进行视口的设置了。

（1）视口命令的启动。

用户可以通过以下方法调用视口命令：

1）视口工具栏——调出视口工具栏，如图 3-4-21 所示。工具栏包括了视口操作的各项图标按钮，各按钮的功能如下：

图 3-4-21 视口工具栏

显示视口对话框。

单个视口。

多边形视口。

将对象转换为视口。

一剪裁现有视口。

控制视口比例（下拉列表中有多种比例供选择，也可输入数值，如 0.4）。

2）菜单"视图"→"视口"→"新建视口"。

3）命令行：VPORTS 或者—VPORTS（输入前者将弹出视口对话框，输入后者将以命令行形式执行命令）。

执行命令后，弹出视口对话框，如图 3-4-22 所示，包括"新建视口"和"命名视口"两个选项卡。

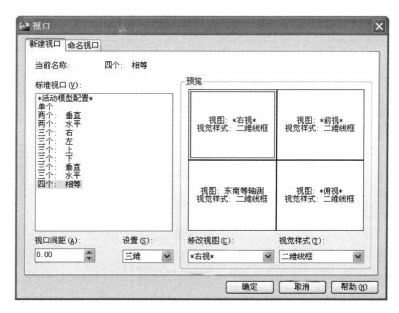

图 3-4-22　视口对话框

（2）新建视口选项卡。

1）在标准视口栏内可以选择视口个数、排列方式以及视口间距，选中后在右面的预览中可以看到创建的效果。

2）视口间距可以选择视口间的距离。

3）在设置中可以选择"二维"和"三维"，如果选择"二维"则在修改视图的下拉菜单中只有"当前"一项，无法选择其他；如果选择"三维"，则在修改视图的下拉菜单中，可以为每个视口选择视图的类别，如主视、俯视、左视等。

4）预览栏内可以看到视口的设置效果。

（3）命名视口选项卡。

用于导入在模型空间中命名保存的视口设置，在命名视口栏中会出现保存过的视口名，如图 3-4-23 所示。确定后，会提示选择定位视口的两个角点，用鼠标指定角点后，就可以在布局选项卡上看到创建的视口了。

3.4.3　任务实施

3.4.3.1　模型空间中图形的打印输出

打印有"模型空间打印"和"图纸空间打印"两种方式。"模型空间打印"指的是在模型窗口进行相关设置并进行打印；"图纸空间打印"指的是在布局窗口中进行相关设置并进行打印。

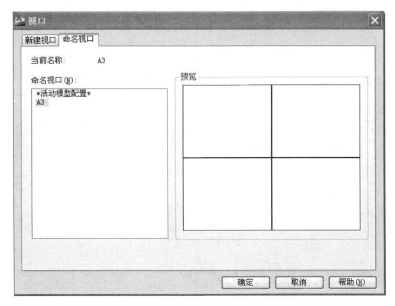

图 3-4-23　"命名视口"选项卡

当打开或新建 AutoCAD 文档时，系统默认显示的是模型窗口。但如果当前工作区已经以布局窗口显示，可以单击绘图窗口左下角"模型"标签（"AutoCAD 经典"工作空间），从布局窗口切换到模型窗口。本节以三室两厅家居室内设计施工图为例，介绍模型空间的打印方法。

1. 绘制或调用图签

（1）打开本章任务一中绘制的"家居室内设计平面布置图.dwg"文件。

（2）施工图在打印输出时，需要为其加上图签。图签可以在创建样板时就绘制好，并创建为图块，出图时直接调用（调用 INSERT/I 命令，插入"A3 图签"图块到当前图形）。在此我们主要介绍 A3 图框的绘制方法，以练习表格和文字的创建和编辑方法，绘制完成的 A3 图框如图 3-4-24 所示。

平面布置图的绘图比例是 1∶1，其图形尺寸约为 13000mm×13900mm。为了使图形能够打印在图签之内，在绘制图签时，需要输入 42000mm×29700mm 的矩形，即在实际图幅大小 420mm×297mm（A3 图纸）的基础上放大比例为 100 倍。

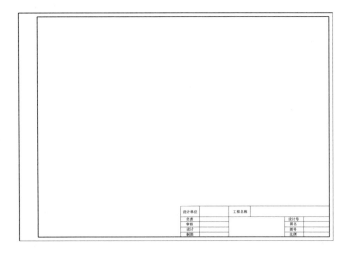

图 3-4-24　A3 图框

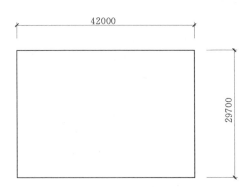

图 3-4-25　绘制矩形

（3）绘制图框。

1）新建"TK_图框"图层，颜色为"白色"，将其置为当前图层。

2）使用矩形命令 REC 在绘图区域先指定一点为矩形的端点，然后输入@42000，29700 的右上角点，如图 3 - 4 - 25 所示。

3）使用分解命令 EXPLODE/X，分解 42000mm×29700mm 的矩形。

4）使用偏移命令 OFFSET/O，将分解后的矩形的左边线段向右偏移 2500mm，再分别将其他三个边长向内偏移 500mm，修剪多余的线条（暂不绘制标题栏小矩形），结果如图 3 - 4 - 26 所示。

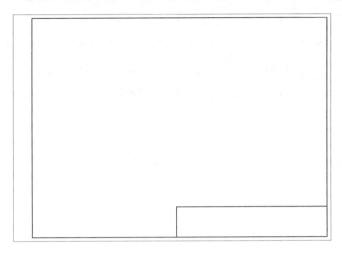

图 3 - 4 - 26　偏移线段

（4）插入表格。

1）使用矩形命令 REC，绘制一个 20000mm×4000mm 的小矩形，作为标题栏的范围。

2）使用移动命令 MOVE/M，将绘制的小矩形移动至标题框的相应位置，如图 3 - 4 - 26 所示。

3）选择"绘图"→"表格"命令，弹出"插入表格"对话框。

4）在"插入方式"选项组中，选择"指定窗口"方式。在"列和行设置"选项组中设置为 4 行（数据行数为 4）、6 列，"设置单元样式"选项组中内容默认，如图 3 - 4 - 27 所示。单击"确定"按钮，返回绘图区。

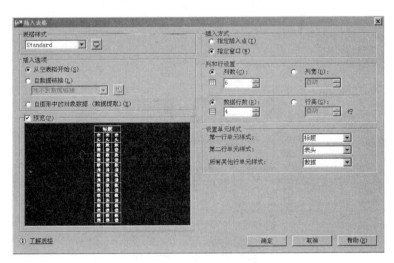

图 3 - 4 - 27　"插入表格"对话框

5）在绘图区中，为表格指定窗口，在标题栏小矩形左上角单击，指定为表格的左上角点，拖动到矩形的右下角点，指定位置后，弹出"文字格式"编辑器。单击"确定"按钮，关闭编辑器，得到如图 3 - 4 - 28 所示的表格。

6）删除行标题：选择第一行标题，右击鼠标，选择"取消合并"，结果如图 3 - 4 - 29 所示。

7）合并单元格：选择左侧第一列上两行的单元格，单击右键，选择"合并"→"全部"命令，结果如图 3 - 4 - 30 所示。

图 3-4-28　绘制表格　　　　　　　　　　　图 3-4-29　取消合并

8) 以相同的方法，合并其他单元格，结果如图 3-4-30 所示。

9) 调整表格：选择表格，对表格进行夹点编辑，结果如图 3-4-31 所示。

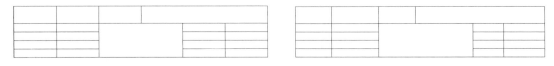

图 3-4-30　合并单元格　　　　　　　　　　图 3-4-31　调整表格

(5) 输入文字。

1) 在需要输入文字的单元格内双击左键，弹出"文字格式"对话框，单击"多行文字对正"按钮 Ⓐ，在下拉列表中选择"正中"选项，输入文字"设计单位"，如图 3-4-32 所示。

图 3-4-32　输入文字

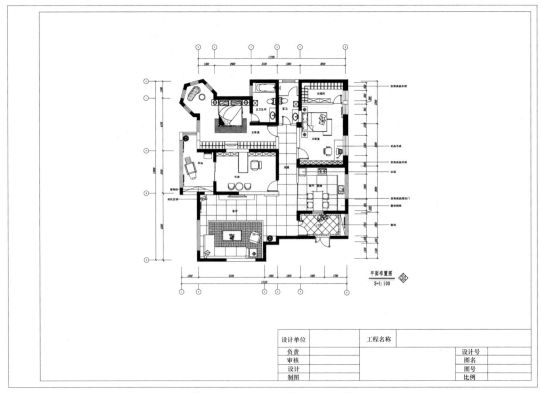

图 3-4-33　加入图签后的效果

2）输入其他文字，如图 3-4-32 所示。完成图框的绘制。

3）调用 BLOCK/B 命令，将图框创建成块。

图签绘制完之后，便可将图形置于图签之内。调用 MOVE/M 命令，移动图签至平面布置图上方，如图 3-4-33 所示。

2. 页面设置

用户在进行打印的时候要经过一系列的设置，才可以正确地在打印机上输出需要的图纸。页面设置是出图准备过程中的最后一个步骤。页面设置是包含打印设备、纸张、打印区域、打印样式、打印方向等影响最终打印外观和格式的所有设置的集合。页面设置可以命名保存，可以将同一个页面设置应用到多个布局图中，下面介绍页面设置的方法。

（1）在命令窗口中执行"文件"→"页面设置管理器"命令，打开"页面设置管理器"对话框，如图 3-4-34 所示。

（2）单击"新建"按钮，打开如图 3-4-35 所示"新建页面设置"对话框，在对话框中输入新页面设置名称"A3 图纸页面设置"，单击"确定"按钮，即创建了新的页面设置"A3 图纸页面设置"。

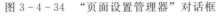

图 3-4-34　"页面设置管理器"对话框　　　　图 3-4-35　"新建页面设置"对话框

（3）随后系统弹出"页面设置"对话框，如图 3-4-36 所示。在"页面设置"对话框"打印机/绘图仪"选项组中选择用于打印当前图纸的打印机。在"图纸尺寸"选项组中选择 A3 类图纸。

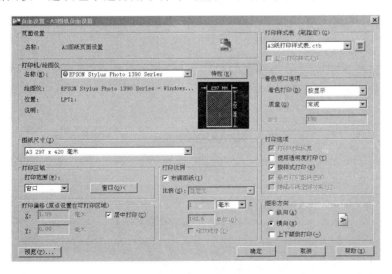
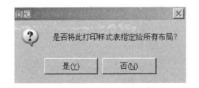

图 3-4-36　"页面设置"对话框　　　　　　图 3-4-37　选择"是"

（4）在"打印样式表"列表中选择样板中已设置好的打印样式"A3 纸打印样式表"，在随后弹出的"问题"对话框中单击"是"按钮，将指定的打印样式指定给所有布局，如图 3-4-37 所示。

（5）勾选"打印选项"选项组"按样式打印"复选框，如图 3-4-36 所示，使打印样式生效，否则图形将按其自身的特性进行打印。

（6）勾选"打印比例"选项组"布满图纸"复选框，图形将根据图纸尺寸缩放打印图形，使打印图形布满图纸。

（7）在"图形方向"栏设置图形打印方向为横向。

（8）设置完成后单击"预览"按钮，检查打印效果。

（9）单击"确定"按钮返回"页面设置管理器"对话框，在页面设置列表中可以看到刚才新建的页面设置"A3 图纸页面设置"，选择该页面设置，单击"置为当前"按钮，如图 3-4-38 所示。

（10）单击"关闭"按钮关闭对话框。

图 3-4-38　指定当前页面设置

图 3-4-39　"打印"对话框

3. 打印

（1）执行"文件"→"打印"命令，或按快捷键 Ctrl＋P，打开"打印"对话框，如图 3-4-39 所示。

（2）在"页面设置"选项组"名称"列表中选择前面创建的"A3 图纸页面设置"，如图 3-4-39 所示。

（3）在"打印区域"选项组"打印范围"列表中选择"窗口"选项，如图 3-4-40 所示。单击"窗口"按钮，"页面设置"对话框暂时隐藏，在绘图窗口分别拾取图签图幅的两个对角点确定一个矩形范围，该范围即为打印范围。

图 3-4-40　选择"窗口"

图 3-4-41　"打印作业进度"对话框

（4）完成设置后，确认打印机。与计算机已正确连接，单击"确定"按钮开始打印。打印进度显示在打开的"打印作业进度"对话框中，如图 3-4-41 所示。

3.4.3.2 图纸空间中图形的打印输出

"模型空间打印"只适用于单比例图形打印，前面介绍的打印是在模型空间中的打印设置，在模型空间中的打印只有在打印预览的时候才能看到打印的实际状态，而且模型空间对于打印比例的控制不是很方便。"图纸空间打印"可以更直观地看到最后的打印状态，图纸布局和比例控制更加方便。与模型空间最大的区别是图纸空间的背景是所要打印的白纸的范围，与最终的实际纸张的大小是一样的，图纸安排在这张纸的可打印范围内，这样在打印的时候就不需要再进行打印参数的设置就可以直接出图了。当需要在一张图纸中打印输出不同比例的图形时，可使用图纸空间打印方式。本节以平、立面图为例，介绍图纸空间的视口布局和打印方法。

1. 进入布局空间

按 Ctrl＋O 键，打开本章任务一、任务三绘制的"家居室内设计平面布置图.dwg"文件，删除其他图形只留下一层平面布置图和客厅 B 立面图。

要在图纸空间打印图形，必须在布局中对图形进行设置。在"AutoCAD 经典"工作空间下，单击绘图窗口左下角的"布局1"或"布局2"选项卡即可进入图纸空间。在任意"布局"选项卡上单击鼠标右键，从弹出的快捷菜单中选择"新建布局"命令，可以创建新的布局。

当第一次进入布局时，系统会自动创建一个视口，该视口一般不符合我们的要求，可以将其删除，删除后的效果如图 3－4－42 所示。在界面中有一张打印用的白纸示意图，纸张的大小和范围已经确定，纸张边缘有一圈虚线表示的是可打印的范围，图形在虚线内是可以在打印机上打印出来的，超出的部分则不会被打印。

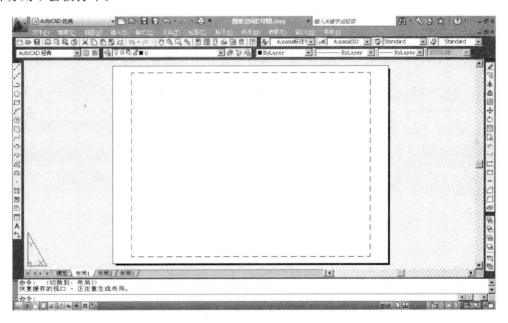

图 3－4－42　布局空间

2. 页面设置

在图纸空间打印，需要重新进行页面设置。

（1）在激活的"布局1"选项卡上单击鼠标右键，从弹出的右键快捷菜单中选择"页面设置管理器"。在调出的"页面设置管理器"对话框中单击"新建"按钮创建"A3 图纸页面设置-图纸空间"新页面设置，如图 3－4－43 所示。

（2）单击如图 3－4－43 所示的对话框中的"确定"按钮，进入"页面设置"对话框。在这个对话框中设置好打印机名称、A3 纸张、A3 纸打印样式表等内容，在"打印范围"列表中选择"布局"，在"比例"列表中选择1∶1。注意把比例设置为1∶1，这样打出图形的比例会很好控制。其他参数设置如图 3－4－44 所示。

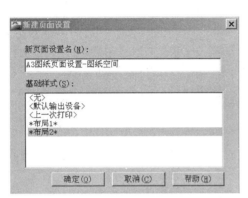

图 3-4-43　新建页面设置

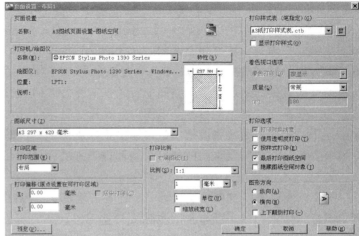

图 3-4-44　"页面设置"对话框

（3）设置完成后单击"确定"按钮关闭"页面设置"对话框，在"页面设置管理器"对话框中选择新建的"A3图纸页面设置-图纸空间"页面设置，单击"置为当前"按钮，将该页面设置应用到当前布局。

3. 创建视口

通过创建视口，可将多个图形以不同的打印比例布置在同一张图纸空间中。创建视口的命令常用的有 VPORTS。下面介绍使用 VPORTS 命令创建视口的方法。

（1）创建一个新图层"VPORTS"，并设置为当前图层。

（2）创建第一个视口。调用 VPORTS 命令打开"视口"对话框，如图 3-4-45 所示。

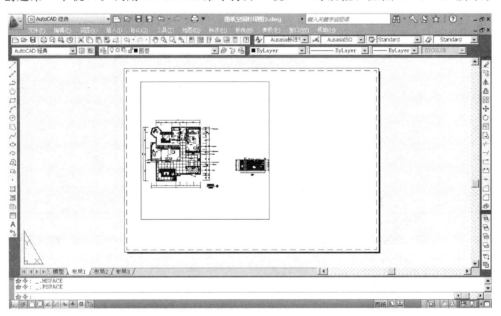

图 3-4-45　"视口"对话框

（3）在"标准视口"框中选择"单个"，单击"确定"按钮，在布局内拖动鼠标创建一个视口，或选择菜单"视图"→"视口"→"一个视口"，在图纸空间中点取两点确定矩形视口的大小范围，模型空间中的图形就会在这个视口当中反映出来。这时图形和白纸的比例还不协调，需要以后调整。该视口用于显示"一层平面布置图"，如图 3-4-46 所示。

（4）单击绘图区下方的"模型"选项卡图标按钮，进入模型空间。

（5）在状态栏右下角设置当前注释比例为 1：100，如图 3-4-47 所示。单击"布局 1"选项卡图标按钮，调用 PAN 命令平移视图，使"一层平面布置图"在视口中显示出来。注意，视口的比例应根据图纸的尺寸适当设置，在这里设置为 1∶100 以适合 A3 图纸，如果是其他尺寸图纸，则应做相应调整。

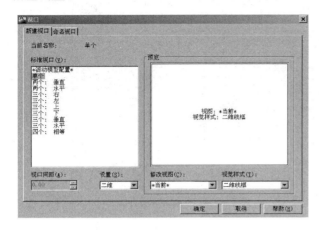

图 3 - 4 - 46　创建视口　　　　　　　　　　　图 3 - 4 - 47　设置比例（开启添加比例功能）

视口比例应与该视口内的图形（即在该视口内打印的图形）的尺寸标注比例相同，这样在同一张图纸内就不会有不同大小的文字或尺寸标注出现（针对不同视口）。

AutoCAD 从 2008 版开始新增了一个自动匹配的功能，即视口中的"可注释性"对象（如文字、尺寸标注等）可随视口比例的变化而变化。假如图形尺寸标注比例为 1∶50，当视口比例设置为 1∶30 时，尺寸标注比例也自动调整为 1∶30。要实现这个功能，只需要单击状态栏右下角的 按钮使其亮显即可，如图 3 - 4 - 47 所示。启用该功能后，就可以随意设置视口比例，而无需手动修改图形标注比例（前提是图形标注为"可注释性"）。

（6）在视口外双击鼠标，或在命令窗口中输入 PSPACE/PS 并按回车键，返回到图纸空间。

（7）选择视口，使用夹点法适当调整视口大小，使视口内只显示"一层平面布置图"，结果如图 3 - 4 - 48 所示。

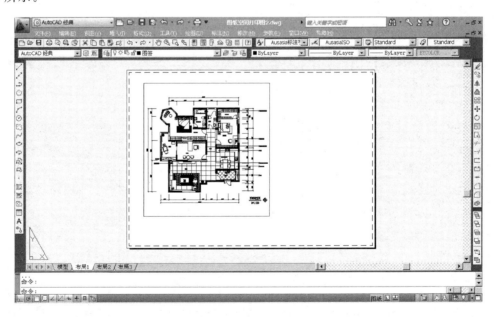

图 3 - 4 - 48　调整视口

（8）创建第二个视口。选择第一个视口，调用 COPY/CO 命令复制出第二个视口，该视口用于显示"客厅 B 立面图"，视口比例为 1∶60，调用 PAN/P 命令平移视口（需要双击视口进入模型空间），使得视口可以包括需要打印的图形。使"客厅 B 立面图"在视口中显示出来，调整视口的各个夹点位置，适当调整视口大小，最后用 Move 命令移动视口，结果如图 3 - 4 - 49 所示。

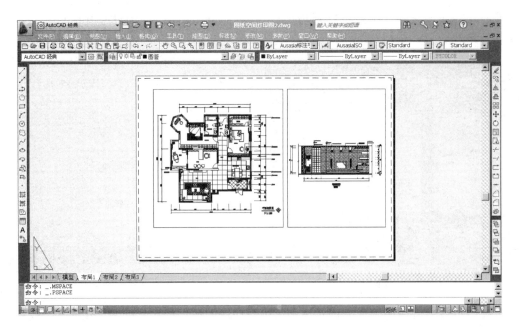

图 3 - 4 - 49　创建第二个视口

视口创建完成。"客厅 B 立面"将以 1 : 60 的比例进行打印。

4．加入图签

在图纸空间中，同样可以为图形加上图签。调用 INSERT 命令插入图签图块即可，操作步骤如下：

（1）调用 PSPACE/PS 命令进入图纸空间。

（2）调用 INSERT/I 命令，在打开的"插入"对话框中选择图块"A3 图签"，将 X、Y、Z 轴向上的插入比例都设为 0.01，单击"确定"按钮关闭"插入"对话框，在图形窗口中拾取一点确定图签位置，插入图签后的效果如图 3 - 4 - 50 所示。

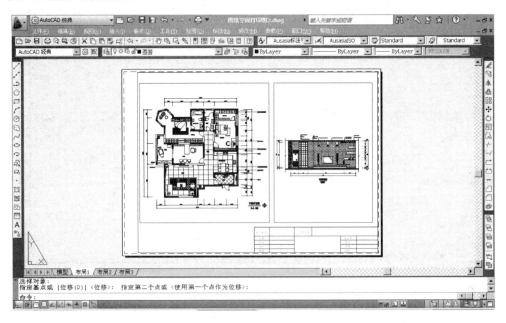

图 3 - 4 - 50　加入图签

5．打印

创建好视口并加入图签后，接下来就可以开始打印了。在打印之前，执行"文件"→"打印预览"命令预览当前的打印效果，如图 3 - 4 - 51 所示。

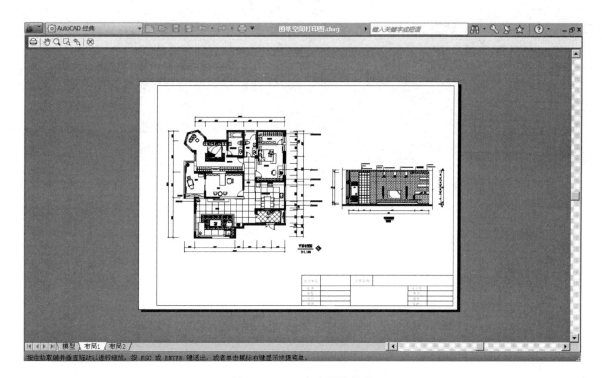

图 3 - 4 - 51   打印预览效果

从打印效果可以看出，图签部分不能完全打印，这是因为图签大小超越了图纸可打印区域的缘故。图 3 - 4 - 50 所示的虚线表示了图纸的可打印区域。

解决办法是通过"绘图仪配置编辑器"对话框中的"修改标准图纸尺寸（可打印区域）"选项重新设置图纸的可打印区域。

下面介绍其操作方法：

（1）执行"文件"→"绘图仪管理器"命令，打开"Plotters"文件夹，如图 3 - 4 - 52 所示。

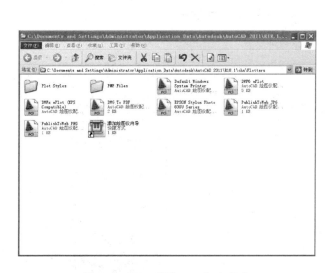

图 3 - 4 - 52   "Plotters"文件夹

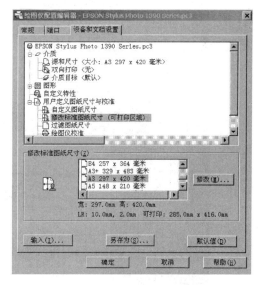

图 3 - 4 - 53   绘图仪配置编辑器

（2）在对话框中双击当前使用的打印机名称（即在"页面设置"对话框"打印选项"选项卡中选择的打印机），打开"绘图仪配置编辑器"对话框。选择"设备和文档设置"选项卡，在上方的树型结构目录中选择"修改标准图纸尺寸（可打印区域）"选项，如图 3 - 4 - 53 所示。

（3）在"修改标准图纸尺寸"栏中选择当前使用的图纸类型（即在"页面设置"对话框中的"图

图 3-4-54 "自定义图纸尺寸"对话框

纸尺寸"列表中选择的图纸类型），不同打印机有不同的显示如图 3-4-53 所示。

（4）单击"修改"按钮，弹出"自定义图纸尺寸"对话框，如图 3-4-54 所示。将上、下、左、右页边距分别设置为 1、1、1、1（使可打印范围略大于图框即可），单击两次"下一步"按钮，再单击"完成"按钮，返回"绘图仪配置编辑器"对话框，单击"确定"按钮关闭对话框。

（5）修改图纸可打印区域之后，此时布局如图 3-4-55 所示（虚线内表示可打印区域）。

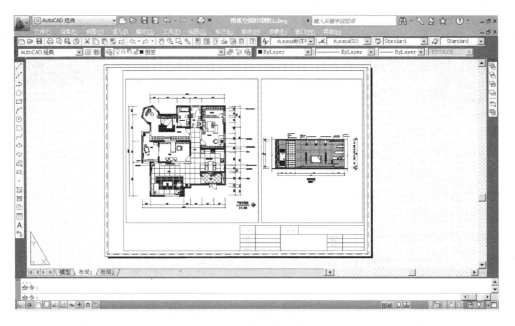

图 3-4-55 布局效果

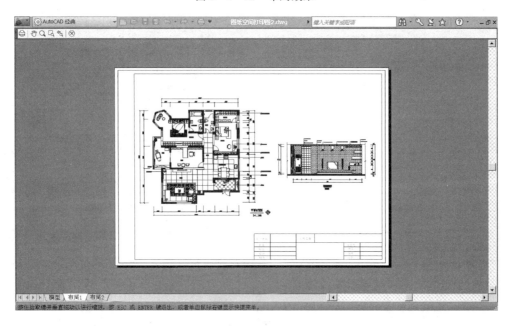

图 3-4-56 修改页边距后的打印预览效果

（6）调用 LAYER/LA 命令打开"图层特性管理器"对话框，将图层"VPORTS"设置为不可打印，这样视口边框将不会打印。

（7）预览打印效果，如图 3－4－56 所示，图签已能正确打印。

（8）如果满意当前的预览效果，按 Ctrl＋P 键即可开始正式打印输出。

现在越来越多的设计师使用从"图纸空间打印"，虽然"图纸空间打印"设置会比较复杂一些，但设置好后会比从"模型空间打印"更简单、更实用。一张图纸可以设置多个图纸空间，在状态栏的按钮 \Model\ 上点击鼠标右键，有新建的选项。这样如果模型空间里绘制了多幅图纸，可以设置多个图纸空间来对应不同需求的打印。图纸空间设定好后，会随图形文件保存而一起保存，再次打印时无需再次设置。模型空间绘图时，可以用 1∶1 比例绘制出图形，在图纸空间设定各打印参数和比例大小，也可以把图框和标注都在图纸空间里制作，这样图框的大小不需要放大或缩小，标注的相关设定（如文字高度）也不需要特别的设定，这样打印出来的图会非常准确。

第4章 任务三：办公空间室内设计施工图的绘制

4.1 子任务一：办公空间室内设计平面布局图绘制

4.1.1 任务目标及要求

4.1.1.1 任务目标

绘制完成如图 4-1-1 所示的图形。

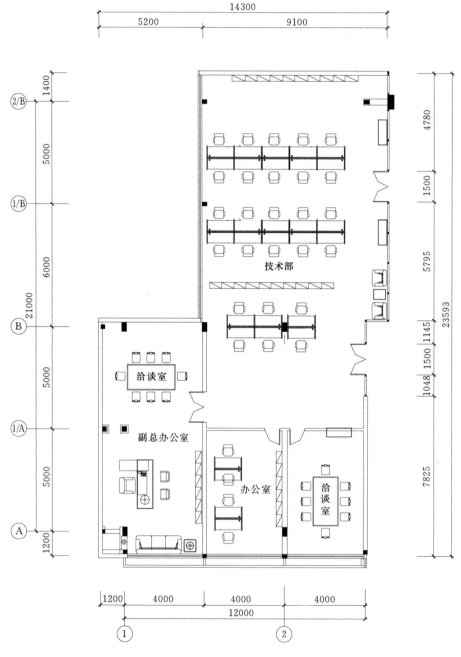

图 4-1-1 办公空间室内设计平面布局图

4.1.1.2 任务要求

此项目是杭州市某叉车集团公司二楼设计部办公空间。要求按照制图标准和规范，结合合理的绘制方法进行绘制，同时掌握相关命令及绘图技巧，初步具备绘制办公空间底平面空间布置的能力。

4.1.2 设计点评

办公室空间通常由主要办公空间、公共接待空间、交通联系空间、配套服务空间、附属设施空间等构成，办公空间的布局既要从现实出发，又要适当考虑功能设施的发展、变化以及后续调整的可能性。一个设计合理的办公空间，工作流程应符合实际办公模式和办公系统组织的需求。空间的组合一般应符合方便对外联络的原则，也就是要将与外界联系较为紧密的空间或接受大量来访者的空间（如前台、接待、会客以及具有对外性质的会议室、多功能厅等）设置在入口或主通道附近，有密切工作关系的办公空间应布置在相近的位置，人多的厅室还应设置安全疏散通道。

4.1.3 AutoCAD 新知识链接及命令操作

4.1.3.1 AutoCAD 设计中心与图块的插入

1. "AutoCAD 设计中心"的功能

"AutoCAD 设计中心的功能"是 AutoCAD 提供的一个直观、高效、与 Windows 资源管理器相类似的工具。利用设计中心，用户不仅可以浏览、查找、预览和管理 AutoCAD 图形、光栅图像等不同的资源，而且还可以通过简单的拖放操作，将位于本地计算机、局域网或国际互联网上的块、图层、文字样式、标注样式等插入到当前图形。如果打开多个图形文件，在各文件之间也可以通过简单的拖放操作实现图形的插入，从而使已有资源得到共享和再利用，提高了图形管理和图形设计的效率。

启动"AutoCAD 设计中心"可以点选视图/选项板/设计中心  图标或在命令栏

图 4-1-2　设计中心对话框

输入快捷命令（ADC）都可实现该功能，对话框如图 4-1-2 所示。

（1）可观察图形信息。

通过控制显示方式来控制"设计中心"控制板的显示效果，还可以在控制板中显示与图形文件相关的描述信息和预览图像。

图 4-1-3　搜索对话框

（2）可浏览多个图形文件并加载到绘图区。

找到不同的图形文件后，可以将它们直接加载到绘图区或"设计中心"，包括当前打开的图形和 Web 站点上的图形库。可以打开多个文件查看其中合适的图块、图层和其他图形文件的定义并将这些图形定义插入到当前图形文件中。

（3）可在"设计中心"中查找内容。

使用"AutoCAD 设计中心"的查找功能，可通过"搜索"对话框快速查找诸如图形、块、图层及尺寸样式等图形内容或设置，如图 4-1-3 所示。

2. 使用"设计中心"的图形

使用"AutoCAD 设计中心",可以方便地在当前图形中选择其他的图形插入块,引用光栅图像及外部参照,在图形之间复制块、图层、线型、文字样式、标注样式以及用户定义的内容等(可通过拖放到绘图区操作来实现)。图 4-1-4 所示为"设计中心"文件夹内容。

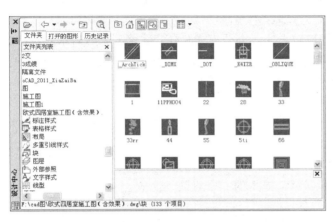

图 4-1-4 "设计中心"文件夹

图 4-1-5 特性工具栏

图 4-1-6 标注样式管理器

4.1.3.2 尺寸标注的修改

直接双击需要修改的标注可以对已经绘制的尺寸标注进行修改、调用 PROPERTIES/ MO 命令或输入"CTRL+1",都可以跳出"特性"工具栏,如图 4-1-5 所示。然后点选需要调整的尺寸标注,并在"特性"工具栏中的"常规"、"其他"、"直线箭头"等内容下调整所需参数即可。操作仅限于本次修改,如继续标注则仍按修改之前的标注属性参数来完成标注。

调用 DIMSTYLE/D 命令,找到之前的标注样式然后对所要求的文字、单位、样式、箭头等内容进行调整,调整后所有的尺寸标注属性参数按照调整后为准,如图 4-1-6 所示。

4.1.3.3 文本标注的修改及特殊符号的输入

1. 文本标注修改

修改标注好的文本可以通过双击该文本或调用 DDEDIT/ED 命令弹出"文字格式"对话框修改,如图 4-1-7 所示,将选中的"室内设计师"改为"环艺设计师"。

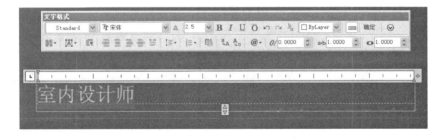

图 4-1-7 文本标注修改

2. 特殊符号的输入

AutoCAD 中特殊符号的输入有很多简便的方法,可以使画图速度加快。输入文字过程中可以用一些常用代码来实现常用符号的输入。如，表示直径的"Φ"，可以用控制码"％％C"输入；表示地平面的"±"，可以用控制码"％％P"输入；标注度符号"°"可以用控制码"％％D"来输入；百分号"％"可以用控制码"％％％"来输入。

除了以上常见的特殊符号，我们还可以通过"字符映射表"来寻找输入特殊字母。具体步骤如下：

（1）在文本输入状态下，单击鼠标右键，下拉菜单中有一个"符号"标签。

（2）单击"符号"标签，下一级菜单中单击"其他"，即进入"字符映射表"对话框。该列表的内容多数取决于所选字体的种类。我们可以直接在列表中选取自己需要的特殊字符，如图4-1-8所示。

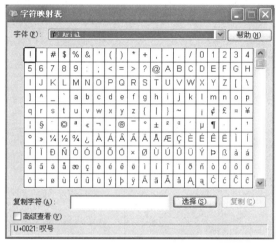

图4-1-8　字符映射表　　　　　　　图4-1-9　"特性"对话框

4.1.3.4　对象特性编辑及特性匹配命令的使用

1. 对象特性编辑

在AutoCAD中，"对象特性"是一个比较广泛的概念。"对象特性"包含一般特性和几何特性。一般特性包括对象的颜色、线型、图层、线宽等；几何特性包括对象的尺寸和位置。

点选菜单栏"修改" ，也可以直接输入"CTRL+1"，调出如图4-1-9的对话框。

"特性"选项板默认处于浮动状态。在"特性"选项板的标题栏上右击，将弹出一个快捷菜单。可通过该快捷菜单确定是否隐藏选项板、是否在选项板内显示特性的说明部分以及是否将选项板锁定在主窗口中。

2. 特性匹配

调用MATCHPROP/MA命令，在选择源对象之后选择目标对象，这样就可以把目标对象的所有特性改成源对象的。特性匹配命令里，源对象只能点选一个图线，但目标对象可以多选，没有任何限制。可以选择多个"要更改对象"。

4.1.4　任务实施

4.1.4.1　实施步骤的总体描述

样板文件的调用→轴线的绘制→墙体结构的绘制→柱子绘制→门窗的绘制→家具设备的调入→文本尺寸的标注（尺寸、文字、引线）。

4.1.4.2　平面图的具体绘制过程

1. 调用样板文件

本书第3章"AutoCAD新知识链接"中，我们已创建了室内设计施工图样板，该样板已经设置了相应的图形单位、样式等，本章平面图可以直接在此样板的基础上进行绘制。

（1）执行"文件"→"新建"命令，打开"选择样板"对话框。

（2）在对话框中选择"室内设计施工图模板"样板文件。

（3）单击"打开"按钮，以样板创建图形，新图形中包含了样板中创建的图形界限、图形单位、文本及尺寸标注样式、图层设置等内容。

（4）选择"文件"→"保存"命令，打开"图形另存为"对话框，在"文件名"框中输入"办公空间室内设计施工图.dwg"文件名，单击"保存"按钮保存图形。

2. 绘制轴网

以如图4-1-10所示的尺寸绘制完成办公室轴网。下面讲解绘制方法。

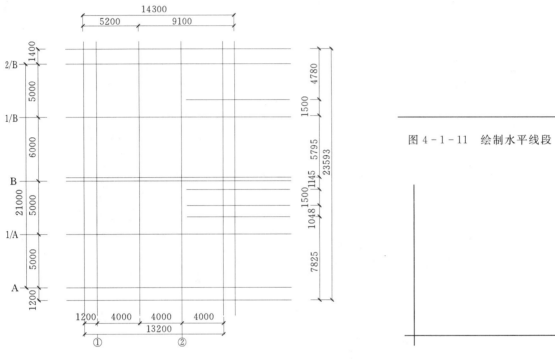

图4-1-10 建筑轴网辅助线

图4-1-11 绘制水平线段

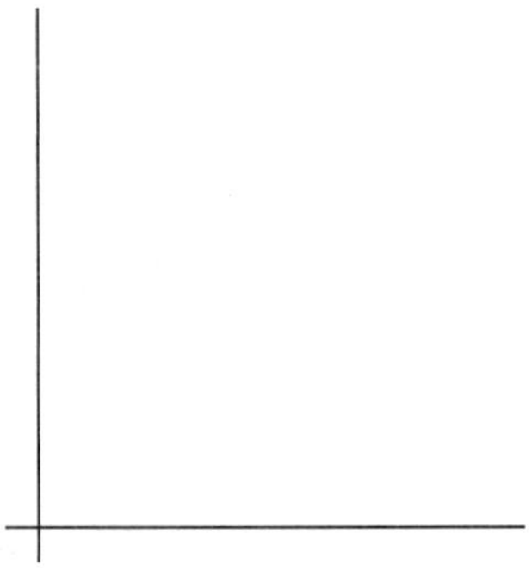

图4-1-12 绘制垂直水平线段

（1）打开"办公空间室内设计施工图.dwg"文件，设置"ZX轴线"图层为当前图层。

（2）调用LINE/L命令，在图形窗口中绘制长度为22000mm（略大于原始平面尺寸）的水平线段，确定水平方向尺寸范围，如图4-1-11所示。

（3）继续调用LINE/L命令，在如图4-1-12所示的位置绘制长约25800mm的垂直线段，确定垂直方向尺寸范围。

（4）调用OFFSET/O命令，根据如图4-1-1所示尺寸，依次将上开间、下开间墙体的垂直轴线向右偏移，将左进深、右进深墙体水平轴线向上偏移，并做适当修剪，以不同的长短来区分出上、下开间及左、右进深的轴线，如图4-1-10所示。轴网修剪成墙体结构的效果如图4-1-13所示。

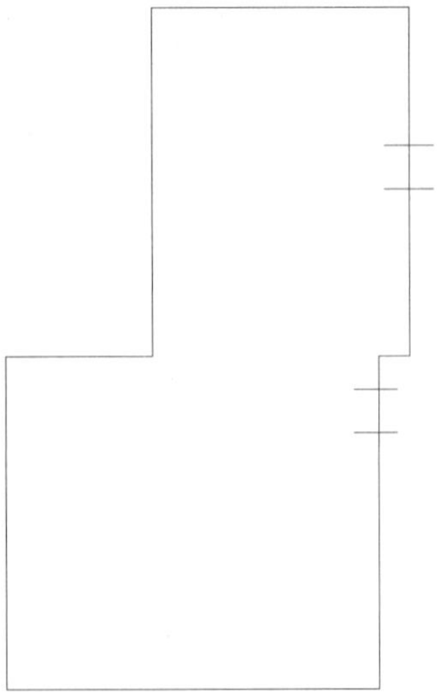

3. 绘制墙体结构

（1）绘制墙体。

使用多线命令可以非常轻松地绘制墙体图形，具体操作步骤如下：

1）设置"QT墙体"图层为当前图层。

2）调用MLINE/ML命令，命令选项如下：

命令:ml

ML INE

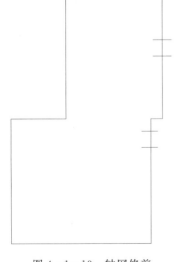

图4-1-13 轴网修剪

当前设置:对正＝无,比例＝120.00,样式＝STANDARD

指定起点或[对正(J)/比例(S)/样式(ST)]:s

输入多线比例⟨120.00⟩:

当前设置:对正＝无,比例＝120.00,样式＝STANDARD

指定起点或[对正(J)/比例(S)/样式(ST)]:s

输入多线比例⟨120.00⟩:240

当前设置:对正＝无,比例＝240.00,样式＝STANDARD

指定起点或[对正(J)/比例(S)/样式(ST)]:

指定下一点:

指定下一点或[放弃(U)]:

3) 借助对象捕捉方式完成墙体绘制,如图 4-1-14 所示。

(2) 预留门的位置,如图 4-1-14 所示。修改多线可用 ✏ 分解命令分解后编辑,也可以双击多线跳出"多线编辑工具"对话框,使用其中 12 种编辑工具编辑多线,如图 3-1-59 所示。

4. 绘制柱子

(1) 调用 RECTANG/REC 命令,分别绘制 450mm×250mm、450mm×250mm 的柱子。

(2) 按照柱网结构要求调用 COPY/CP 多重复制到各个结构点,如图 4-1-15 所示。

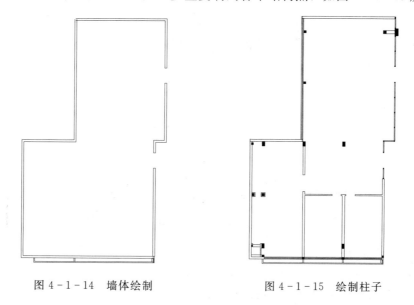

图 4-1-14　墙体绘制　　　　图 4-1-15　绘制柱子

5. 绘 制 门 、 窗

(1) 调用 RECTANG /REC 命令,在命令栏输入@750,50,绘制矩形门扇,如图 4-1-16 (a) 所示。

(2) 调用 CIRCLE/C 命令,以端点 1 为圆心,线段 1、2 为半径绘制出以 750mm 为半径的圆,如图 4-1-16 (b) 所示。

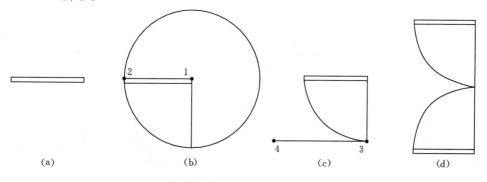

(a)　　　　　　　(b)　　　　　(c)　　　　　(d)

图 4-1-16　绘制门

（3）调用 LINE/L 命令，由矩形端点 1 向圆绘制一条垂直线，如图 4-1-16（c）所示。

（4）调用 TRIM/TR 命令分别选择矩形门扇和直线，修剪掉多余的弧线，就完成了单门绘制，如图 4-1-16（c）所示。

（5）绘制双推门只需要调用 MIRROR/MI 命令选择要镜像的门，垂直绘制镜像线第一个端点 3 与第二个端点 4，默认回车不删除源对象，完成双推门绘制，如图 4-1-16（d）所示。

（6）绘制出所有平面内的门的位置，如图 4-1-17 所示。

（7）以前面预留门的方法确定窗的位置，再调用 OFFSET/O 命令，根据玻璃目前的具体位置由墙线向内分别偏移 80mm（由多线绘制的墙线需要先分解然后才可偏移），经修剪后完成窗的绘制，效果如图 4-1-17 所示。

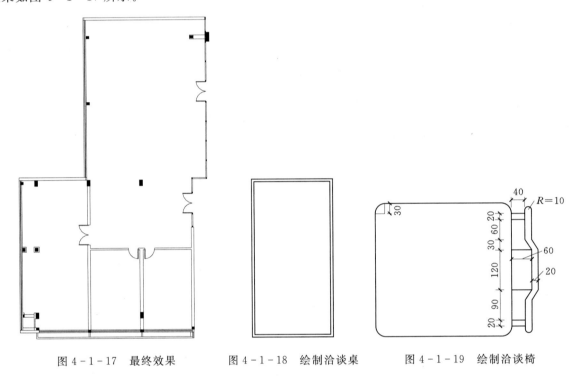

图 4-1-17　最终效果　　图 4-1-18　绘制洽谈桌　　图 4-1-19　绘制洽谈椅

6．绘制、插入办公家具

（1）以洽谈桌为例绘制图形，如图 4-1-18 所示。

1）调用 RECTANG /REC 命令，在命令栏输入@1250,2400，绘制洽谈桌。

2）调用 OFFSET/O 命令，向内偏移 40mm，洽谈桌绘制完成。

（2）以洽谈椅为例绘制图形，如图 4-1-19 所示。

1）调用 RECTANG /REC 命令，在命令栏输入@420,400，绘制矩形，如图 4-1-20（a）所示。

2）调用 FILLET/F 命令，给椅子四个角倒半径为 30mm 的圆角，如图 4-1-20（b）所示。

3）调用 LINE/L 命令、OFFSET/O 命令，如图 4-1-19 所示尺寸绘制完成图 4-1-20（c）。

4）调用 CIRCLE/C 命令，绘制半径为 10mm 的椅子靠背端头，如图 4-1-20（d）所示。

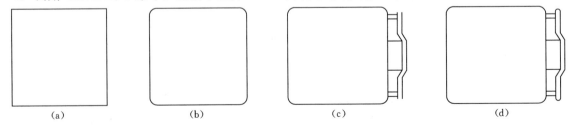

（a）　　　　　（b）　　　　　（c）　　　　　（d）

图 4-1-20　绘制椅子

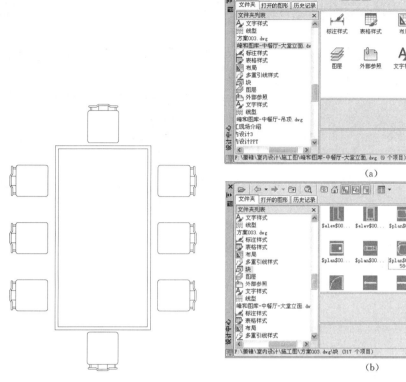

图 4-1-21　复制椅子

图 4-1-22　"设计中心"对话框

5）调用 COPY/CP 命令、MIRROR/MI 命令绘制完成整个洽谈桌椅，如图 4-1-22 所示。

6）在"设计中心"寻找其他图纸中办公室家具相关适合的图块如图 4-1-22（a）所示，选择并插入空间办公家具的布置如图 4-1-22（b）所示，插入完成的效果如图 4-1-23 所示。

7．尺寸标注

（1）设置"BZ－标注"图层为当前图层，设置当前注释比例为 1∶100 或其他合适比例。

（2）调用 DIMLINEAR/DLI 命令和 DIMCONTINUE/DCO 命令，标注尺寸，结果如图 4-1-1 所示。

8．文字标注

（1）调用 MTEXT/T 命令"文字格式"对话框如图 4-1-24（a）所示输入文字内容。在"文字编辑器"里修改字体和大小等参数，确定后就完成了文字的输入，如图 4-1-24（b）所示。

（2）在施工图绘制过程中也可以拷贝某一文字后双击该文字，在"文字格式"栏直接修改文字。如果同时需要修改参数可以按"CTRL＋1"，在"特性"栏进行调整修改。

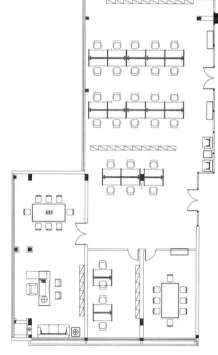

图 4-1-23　最终效果

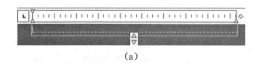

（a）

（b）

图 4-1-24　文字标注

9. 引线标注

引线的应用，一般作解释说明用，如注明物体名称、材料类型、特殊工艺等，为了使甲方更好地明白自己的图档含义。

调用 QLEADER/LE 命令，回车确立第一、第二个引线点后输入指定文字宽度、材料名称，标注完成，如图 4-1-25 所示。

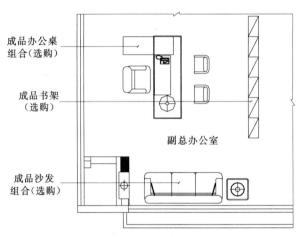

图 4-1-25　引线标注

4.1.5　课外拓展性任务与训练

绘制完成光盘自带某公司办公楼平面绘制。

4.2　子任务二：办公空间室内设计顶棚图的绘制

4.2.1　任务目标及要求

4.2.1.1　任务目标

绘制完成如图 4-2-1 所示的图形。

4.2.1.2　任务要求

根据底平面布置合理安排顶棚设计内容；掌握室内各种顶棚的完成面标高；灯具的符号；顶棚设备的位置及尺寸（空调送、回风口的位置）。

4.2.2　设计点评

顶棚是室内装饰设计的重要组成部分，也是室内空间装饰中最富有变化，引人注目的界面，其透视感较强，通过不同的处理，配以灯具造型能增强空间感染力，使顶面造型丰富多彩，新颖美观。在办公空间室内设计的过程中应该注重整体环境效果、满足适用美观的要求、保证顶面结构的合理性和安全性。同时顶棚的结构造型也很多包括：平整式顶棚、凹凸式顶棚、悬吊式顶棚、井格式顶棚、玻璃顶棚等。

4.2.3　AutoCAD 新知识链接及命令操作

4.2.3.1　用户坐标系统的设定及其在二维制图中的应用

1. 用户坐标系统

AutoCAD 坐标系分世界坐标系和用户坐标系，默认情况下为世界坐标系。用户坐标系（UCS）是用于坐标输入、操作平面和观察的一种可移动的坐标系统。点菜单栏"视图"→"坐标"打开 UCS 操作工具栏，如图 4-2-2 所示。

2. 用户坐标系统在二维制图中的应用

绘制洽谈区吊顶部分，如图 4-2-3 所示。

一般坐标系 UCS 用在三维建模中使用较多，这里介绍一种 UCS 为二维绘图提供方便的方法。我们可以通过 UCS 命令的调整让 UCS 坐标旋转到我们需要的任何角度，绘制完成后再快捷的回复到原

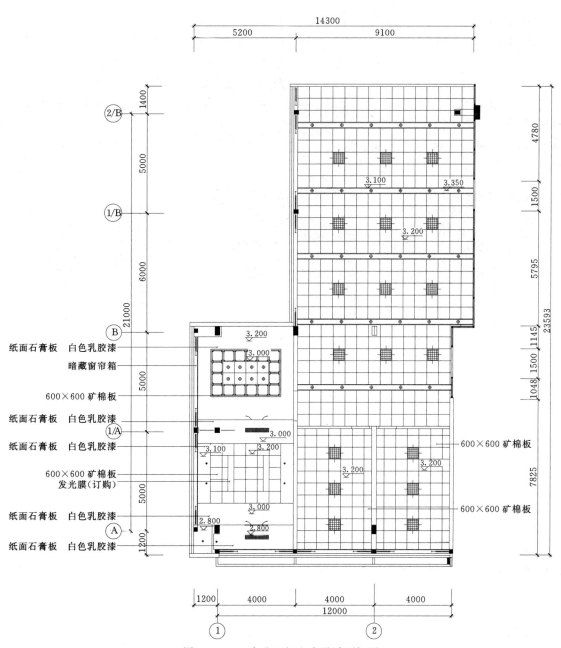

图 4-2-1 办公空间室内设计顶棚图

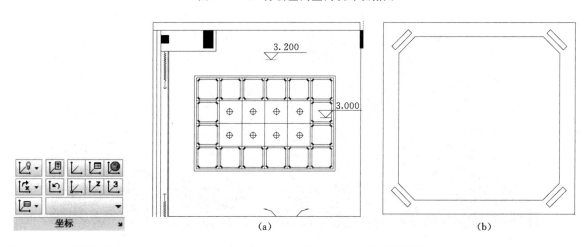

图 4-2-2 UCS工具栏

图 4-2-3 洽谈区吊顶

来的 WCS 坐标状态。

（1）单击"UCS 工具栏"上的三点图标，当命令行提示确定新原点时，单击如图 4-2-4（a）所示的点 1，第二步再单击图中需要确定的正 X 轴方向上的点 2，最后单击图中需要确定的 UCS XY 平面正 Y 轴范围上的点 1（与新原点一致），回车后 UCS 坐标就按照设定的方向旋转了，如图 4-2-4（a）所示。

（2）调用 RECTANG/REC 命令，此时很容易就可绘制出 70mm×15mm 小矩形吊顶图案，它与大矩形的倒角斜边是平行的，如图 4-2-4（b）所示。

（3）图形绘制完毕单击"UCS 工具栏"上的世界坐标，即可回复到原来的 WCS 坐标状态。如图 4-2-4（c）所示。

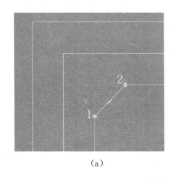 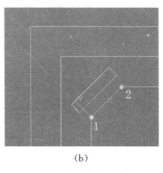 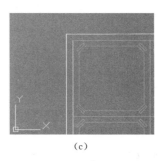

（a）　　　　　　　　　　（b）　　　　　　　　　　（c）

图 4-2-4　用户坐标系在二维绘图中的应用

4.2.3.2　多段线修改命令的使用

对于用 PLINE/PL 命令创建的多段线对象，调用 PEDIT/PE 命令编辑修改。

系统首先提示用户选择多段线 PEDIT 选择多段线或 [多条(M)]，用户可选择"M"选项来选择多个多段线对象。如果用户选择了直线（line）、圆弧（arc）对象，系统将提示用户是否将其转换为多段线对象。当用户选择了一个多段线对象（或将直线、圆弧等对象转换为多段线对象）后，系统进一步提示：

输入选项[打开(O)/合并(J)/宽度(W)/编辑顶点(E)/拟合(F)/样条曲线(S)/非曲线化(D)/线型生成(L)/放弃(U)]

- 说明 C（闭合）：闭合开放多段线。即使多段线起点和终点均位于同一点上，AutoCAD 仍认为它是打开，而必须使用该选项才能进行闭合。对于已闭合多段线，则该项被"Open（打开）"所代替。

- 合并（J）：将直线、圆弧或多段线对象和与其端点重合其他多段线对象合并成一个多段线。对于曲线拟合多段线，在合并后将删除曲线拟合。

- 宽度（W）：指定多段线宽度，该宽度值对于多段线各个线段均有效。

- 编辑顶点（E）：用于对组成多段线的各个顶点进行编辑。用户选择该项后，多段线第一个顶点以"×"为标记，如图 4-2-5 所示的编辑顶点（E）中"拉直"选项的应用实例，图 4-2-5（a）

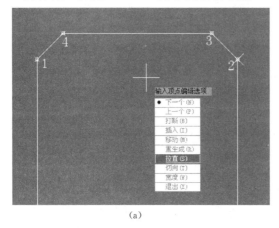 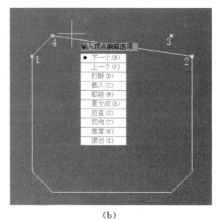

（a）　　　　　　　　　　　　　　（b）

图 4-2-5　"编辑顶点（E）"中的"拉直"选项

先选择"拉直"选项，图4-2-5（b）光标从点2跳到点4后选择"G"执行，即可将图4-2-5（a）的23、34两段线拉直为图4-2-5（b）的一条线24。

• 拟合（F）：在每两个相邻顶点之间增加两个顶点，由此来生成一条光滑曲线，该曲线由连接各对顶点的弧线段组成。曲线通过多段线所有顶点并使用指定切线方向，如果原多段线包含弧线段，在生成样条曲线时等同于直线段；如果原多段线有宽度，则生成样条曲线将由第一个顶点宽度平滑过渡到最后一个顶点宽度，所有中间宽度信息都将被忽略。

• 非曲线化（D）：删除拟合曲线和样条曲线插入的多余顶点，并将多段线所包含线段恢复为直线，但保留指定给多段线顶点切线信息。但对于使用"BREAK/BR、TRIM/TR"等命令编辑后样条拟合的多段线，不能使其"非曲线化"。

• 线型生成（L）：如果该项设置为"ON"，则将多段线对象作为一个整体来生成线型；如果设置为"OFF"，则将在每个顶点处以点划线开始和结束生成线型。

• 放弃（U）：取消上一编辑操作而不退出命令。

4.2.4 任务实施

4.2.4.1 实施步骤的总体描述

顶棚造型的绘制→灯具的绘制→设备的绘制→材料、层高的标注。

4.2.4.2 顶棚造型绘制过程

顶面是空间的一个组成部分，每个空间都有着它特定的属性（即不同的功能）。不同的空间属性，就有不同的照明要求，而顶平面的设计往往以底平面空间的照明要求为基础，在各个区域内完成空间照明、空调等设备的安装与设计。现以"副总办公室"顶平面绘制为例绘图。

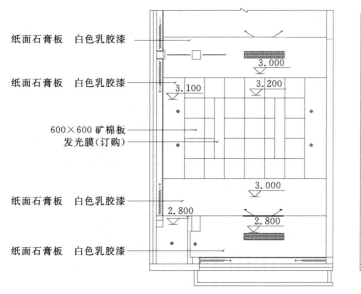

图4-2-6 副总办公室顶平面

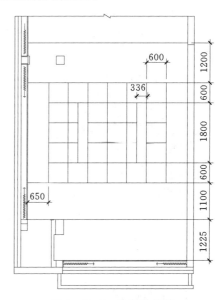

图4-2-7 绘制分格线

1. 选取"副总办公室"底平面的空间基础，绘制顶平面

（1）调用LINE/L、OFFSET/O命令，分别在水平、垂直方向绘制如图4-2-7所标尺寸的多条分格线。

（2）调用TRIM/TR、FILLET/F等命令绘制完成副总办公室顶平面。

2. 绘制灯具

副总办公室顶平面上的灯具分别是直径"80mm"的筒灯和"300mm×1800mm"的发光膜面灯箱。

（1）绘制筒灯。

1）调用LINE/L命令，绘制100mm长水平方向直线和同长中点垂直的垂线，如图4-2-8（a）所示。

2) 调用 CIRCLE/C 命令，以直线交点为圆心绘制半径为 40mm 的圆，如图 4-2-8（b）所示。

3) 调用 OFFSET/O 命令，向内偏移 5mm，如图 4-2-8（c）所示。

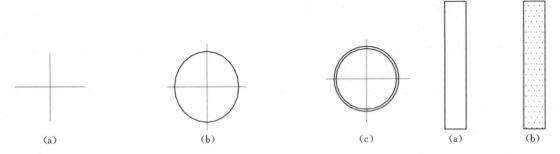

(a)　　　　　　　　　　(b)　　　　　　　　　(c)　　　　　　　(a)　　　　　(b)

图 4-2-8　筒灯绘制过程　　　　　　　　　图 4-2-9　绘制膜面灯箱

（2）绘制发光膜面灯箱。

1) 调用 RECTANG/REC 命令，绘制 300mm×1800mm 的矩形，如图 4-2-9（a）所示。

2) 调用 HATCH/H 命令，选中矩形，填充图案，如图 4-2-9（b）所示。

3. 绘制设备（空调回风口、侧送风口）

（1）绘制空调回风口。

1) 调用 RECTANG/REC 命令，绘制 1200mm×200mm 的矩形回风口外形。

2) 调用 OFFSET/O 命令，向内偏移 20mm 绘制出回风口的边宽。

3) 调用 HATCH/H 命令，弹出"图案填充和渐变色"对话框，如图 4-2-10（a）所示；点选"样例"里"ANSI"中的▨，如图 4-2-10（b）所示；将"图案填充和渐变色"对话框的"比例"一栏改为 300，将"角度"一栏改为 45，如图 4-2-10（c）所示。点击"添加拾取点"在图纸上点选要填充的闭合的部分，确定后就完成了空调回风口的绘制，如图 4-2-11 所示。

(a)　　　　　　　　　　(b)　　　　　　　　　(c)

图 4-2-10　图案填充和渐变色对话框

（2）绘制空调侧送风口。

1) 调用 PLINE/PL 命令，指定起点后输入"1200"生成直线（表示侧送风口的长度）。再调用 PEDIT/PE 命令（多段线修改命令）编辑修改该直线，通过命令中的"宽度（W）"选项来修改直线的宽度，输入起点宽度"20"回车，默认端点宽度"20"直接回车。

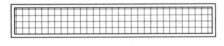

图 4-2-11　空调回风口　　　　　　　图 4-2-12　空调侧送风口

2) 继续调用 PLINE/PL 命令，指定起点回车，输入 A（圆弧）回车，输入 S（第二个点），在图纸上确定第二个点和端点，多段线的弧线完成。（送风口的风向箭头和这条弧线连接在一起继续刚才这个多段线命令）输入 W 回车，输入 20（多段线起点宽度）回车，输入 0（多段线端点宽度），输入箭头的长度完成曲线箭头多段线的绘制，如图 4-2-12 所示。

3）调用 MOVE/M 命令，把绘制完成的空调回风口和侧送风口放置如图4-2-6所示位置。

4．顶平面材料、层高标注

（1）顶平面材料标注。

调用 QLEADER/LE 命令，回车确立第一、第二个引线点后输入字体大小然后标注材料名称（可输入多个）。操作步骤如下：

命令：le
QLEADER
指定第一个引线点或［设置(S)］〈设置〉：
指定下一点：〈正交　开〉
指定下一点：
指定文字宽度〈0.0000〉：300
输入注释文字的第一行〈多行文字(M)〉：纸面石膏板
输入注释文字的下一行：

（2）层高标注。

1）调用 RECTANG/REC 命令，绘制 600mm×300mm 的矩形。

2）调用 LINE /L 命令，分别把矩形两个端点和中点相连，删除原来绘制的矩形。

3）调用 LINE /L 命令，连接两个端口并延长，绘制出标高的三角形图案。

4）调用 BLOCK/B 命令，把这个标高三角形图案绑定。

5）调用 MTEXT/T 命令，打出特殊符号或直接输入标高数字，如图4-2-13所示。

图4-2-13　标高标注

6）调用 MOVE/M 命令，把绘制完成的标高标注放置如图4-2-6所示位置。

4.2.5　课外拓展性任务与训练

绘制完成光盘自带某公司办公楼一、二层顶平面图。

4.3　子任务三：办公空间室内设计剖立面及节点详图的绘制

4.3.1　任务目标及要求

4.3.1.1　任务目标

绘制完成副总办公室立面图4-3-1、吊顶剖面图4-3-8、大样图4-3-12。

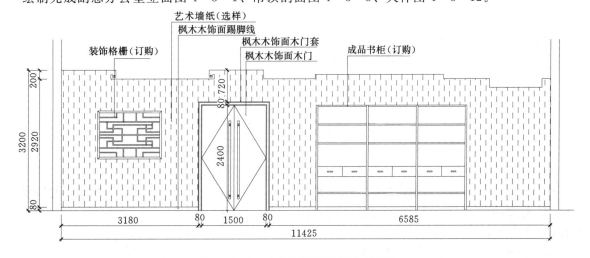

图4-3-1　办公空间室内设计立面图

4.3.1.2　任务要求

能利用绘图工具和编辑修改工具绘制完成办公空间剖、立面及节点大样图，在绘图的过程中能识读图示图例图标，规范绘制。

4.3.2　设计点评

剖、立面设计是根据建筑的功能要求，规模大小以及环境条件等因素，来确定各部分在垂直方向的布置。本方案在现代空间中融入中式传统元素，稳重而大方。

4.3.3　AutoCAD 新知识链接及命令操作

4.3.3.1　布尔运算与面域

1. 面域

面域指从闭合的形状或环创建的二维区域。闭合多段线、直线和曲线都是有效的选择对象。曲线包括圆弧、圆、椭圆弧、椭圆和样条曲线。与二维图形的区别是，面域是用闭合的形状或环创建的二维区域，它是二维实体，不是二维图形。面域除了包括封闭的边界形状，还包括边界内部的平面，像一个没有厚度的平面。

2. 创建面域

进行 AutoCAD 三维制图的基础步骤。对于已创建的面域对象，用户可以进行填充图案和着色等操作，还可分析面域的几何特性（如面积）和物理特性（如质心、惯性矩等）。面域对象还支持布尔运算，即可以通过差集（Subtract）、并集（Union）或交集（Intersect）来创建组合面域。

4.3.3.2　布尔运算与面域生成命令在二维图形绘制中的应用

1. 较复杂几何面的创建

（1）调用 REGIO/REG 命令，命令栏提示选择进行面域的图形，框选矩形和圆形图案，回车创建 2 个面域。

（2）点击 [三维建模] ，跳出实体编辑栏，如图 4-3-2 所示。

（3）分别点击"实体编辑"工具栏上并集◫、差集◫、交集◫命令得到如图 4-3-3 所示的二维图形组合。并集（uni），不分顺序直接点选两个物体然后回车；差集（su），先选择要被修剪的，再选另一个；交集（in），不分顺序直接点选两个物体然后回车。

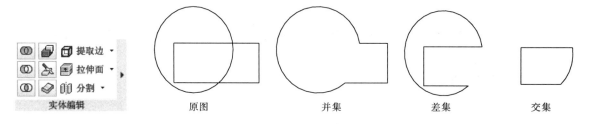

图 4-3-2　实体编辑栏　　　　　　　　　　　图 4-3-3　布尔运算

2. 用格栅窗的绘制表现面域在二维绘图中的应用

（1）调用 RECTANG/REC 命令，绘制 20mm×125mm 的矩形。

（2）继续调用 RECTANG/REC 命令，绘制 435mm×20mm 的矩形。

（3）调用 MOVE/M 命令，将两个矩形按具体尺寸交叉，如图 4-3-4（a）所示。

（4）调用 REGIO/REG 命令，命令栏提示选择进行面域的图形，框选 2 个矩形创建 2 个面域。下面我们用布尔运算中的并集◫将这 2 个面域合并为一个图形。

（5）点击"实体编辑"工具栏上并集◫，得到了如图 4-3-4（b）所示的图案。

（6）以此类推用面域完成整个格栅窗的绘制，如图 4-3-4（c）所示。建立图块保存此格栅窗。

4.3.4　任务实施

4.3.4.1　实施步骤的总体描述

立面图绘制→剖面图绘制→节点详图绘制。

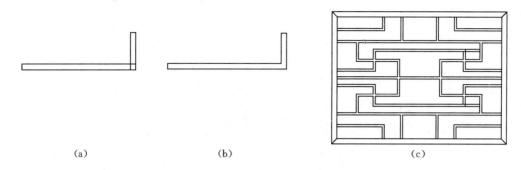

(a)   (b)   (c)

图 4-3-4 绘制格栅窗

4.3.4.2 立面图绘制过程

立面主要表现的是装饰的风格、空间的表现、材料的肌理以及色彩的调和，所以在绘制过程中既要清楚表现空间的尺寸，又要对已知的空间立面材料色彩有相应的注释。现以副总办公室 B 立面为例绘制图形。

1. 以如图 4-3-1 所示尺寸绘制墙体

（1）调用 LINE/L 命令，绘制 3900mm 长的墙体辅助线。

（2）调用 OFFSET/O 命令，偏移 200mm 绘制完成墙体。

（3）调用 LINE/L 命令，绘制 13000mm 长的地面辅助线。

（4）调用 OFFSET/O 命令，以地面辅助线为基础向上偏移 80mm 绘制完成踢脚线。

（5）调用 LINE/L 命令，如图 4-2-1 所示的吊顶尺寸和标高绘制完成立面吊顶，如图 4-3-5 所示。

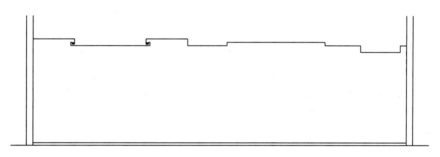

图 4-3-5 绘制墙体

2. 绘制书柜

（1）调用 RECTANG/REC 命令，绘制 3540mm×2400mm 的矩形。

（2）调用 OFFSET/O、TRIM/TR 等命令，以如图 4-3-6 所示尺寸完成书柜的绘制。

3. 绘制门

（1）调用 RECTANG/REC 命令，绘制 2480mm×1660mm 的矩形。

（2）调用 OFFSET/O 命令、TRIM/TR 命令、LINE/L 命令，以如图 4-3-7 所示尺寸完成门的绘制。

4. 插入图 4-3-4 建立并保存的格栅窗图块

5. 调用 HATCH/H 命令，填充墙面

6. 调用 QLEADER/LE 命令，在第一、

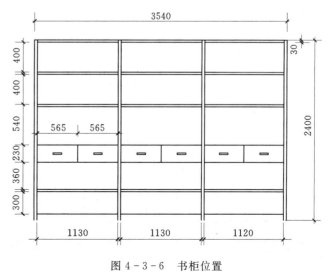

图 4-3-6 书柜位置

第二个引线点后输入字体大小、材料名称，完成材料标注，如图 4-3-1 所示

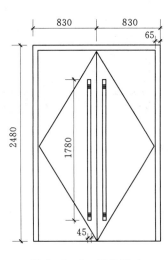

图 4-3-7　门的尺寸

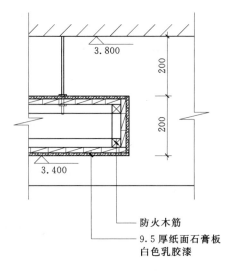

图 4-3-8　吊顶剖面

4.3.4.3　剖面图的具体绘制过程

剖面一般包括顶、地面结构的剖面，还有就是家具、设备的结构剖面。通过剖面的绘制可以了解整个结构施工过程。这里我们选择绘制吊顶剖面图局部，如图 4-3-8 所示。

1. 绘制墙体剖面

（1）调用 RECTANG/REC 命令，绘制 1450mm×280mm 的矩形。

（2）调用 HATCH/H 命令，弹出"图案填充和渐变色"对话框，点选"样例"中"ANSI3"中的▨；在"图案填充和渐变色"对话框的"比例"这一栏改为"600mm"，在"角度"一栏默认"0"，填充完成图形。

图 4-3-9　墙体

（3）调用 EXPLODE/X 命令，点选矩形分解矩形。

（4）调用 ERASE/E 命令，删除多余的 1 条矩形边线完成墙体剖面的绘制，如图 4-3-9 所示。

2. 绘制结构构件

（1）调用 LINE/L 命令，绘制 1500mm 长的垂直墙体线段。

（2）调用 RECTANG/REC 命令，在垂线中间绘制 400mm×95mm 的矩形。

（3）调用 TRIM/TR 命令，剪切线段，完成剖折图形，如图 4-3-10 所示。

（4）调用 PLINE/PL 命令、OFFSET/O 命令、TRIM/T 命令等，按照如图 4-3-11 所示的尺寸，绘制完成图形。

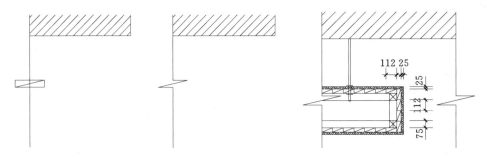

图 4-3-10　结构构件绘制步骤 3　　　　图 4-3-11　最终效果

3. 尺寸、材料的标注

根据上一节对尺寸、材料标注的设置对吊顶剖面进行尺寸、材料的标注，完成吊顶剖面的绘制。

4.3.4.4 节点详图的具体绘制过程

大样图主要体现出建筑物某一局部或构件的细部以及做法，也就是用较大比例的图样体现构思和想法。在本节主要介绍如何绘制楼梯大样，如图 4-3-12 所示。

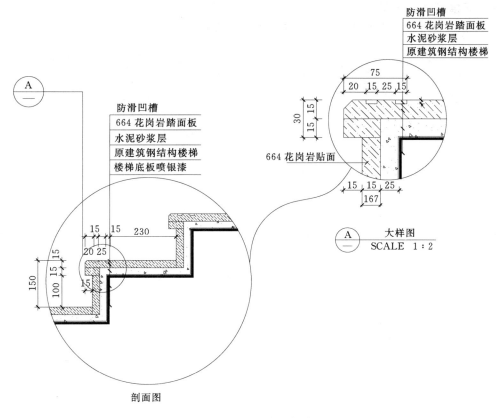

图 4-3-12 楼梯大样

1. 绘制原建筑钢结构楼梯

调用 PLINE/PL 命令，在图纸内点鼠标左键指定起点后输入 W（设定多段线宽度）回车，输入起点宽度"5"回车，继续回车默认端点宽度"5"。依次由左下往右上阶梯式的绘制"230，130，230，130，230"的尺寸，完成原楼梯结构，如图 4-3-13 所示。

2. 绘制水泥砂浆层

（1）调用 OFFSET/O 命令，输入"15mm"厚水泥砂浆层，以之前画的"楼梯钢结构多段线"向上偏移，绘制出另外一条多段线。

（2）调用 PEDIT/PE 命令，点选偏移出来的多段线，输入 W 回车，输入新宽度"0"回车。完成水泥砂浆层线的绘制。

3. 绘制花岗岩踏面板和防滑凹槽

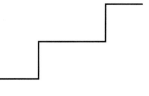

图 4-3-13 原建筑钢结构
楼梯剖面

（1）调用 OFFSET/O 命令，输入"15mm"厚花岗岩回车，以"水泥砂浆层线"向上偏移，绘制出"花岗岩踏面板"线。

（2）交角的部分调用 CHAMFER/CHA 命令，输入"D"（直径）回车，输入"10"回车（确认第一个倒角距离），再回车（默认第二个倒角距离）绘制出折线倒角。

（3）在距离踏面交角"80"的位置调用 RECTANG/REC 命令，绘制 40mm×13mm 的防滑槽。

（4）调用 CIRCLE/C 命令，将楼梯相交包围起来。

（5）调用 TRIM /TR 命令，切除多出圆以外的楼梯线条。

（6）调用 HATCH /H 命令，将"水泥砂浆层"、"花岗岩踏面层"填充完成。

（7）调用 DIMLINEAR/DLI 命令和 DIMCONTINUE/DCO 命令，标注尺寸。

（8）调用 QLEADER/LE 命令，回车确立第一、第二个引线点后输入字体大小和材料名称。

（9）调用 COPY/CP 命令，拷贝需要放大的节点，切除圆以外的物体线条。

（10）调用 SCALE/SC 命令，将拷贝的部分放大 2.5 倍，整个楼梯的大样绘制完成，如图 4-3-12 所示。

4.3.5　课外拓展性任务与训练

绘制完成光盘自带某公司办公楼吊顶及家具剖面、大样。

第 5 章 任务四：商业空间室内设计施工图的绘制

5.1 子任务一：商业空间室内设计平面图的绘制

5.1.1 任务目标及要求

5.1.1.1 任务目标

绘制完成如图 5-1-1 所示的图形。

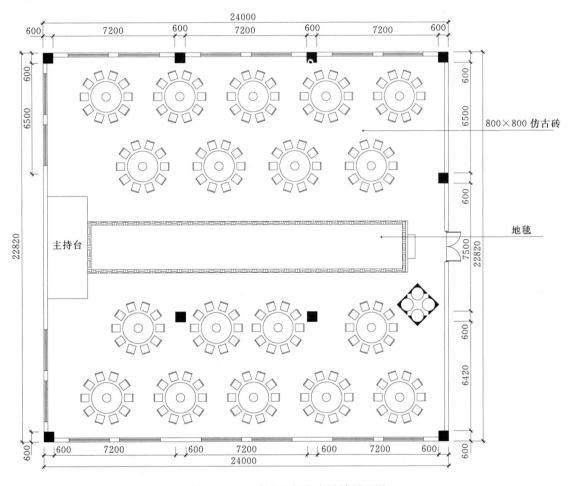

图 5-1-1 商业空间室内设计平面图

5.1.1.2 任务要求

此项目位于银川市兴庆区，工程为框架结构。要求按照制图标准和规范，采用合理的绘制方法进行绘制，同时掌握相关命令及绘图技巧，具备绘制商业空间平面布置图的能力。

5.1.2 设计点评

商业空间室内设计为伊斯兰风格宴会厅设计，设计主题为"古兰·午后"。"古兰"即指伊斯兰的《古兰经》，意寓该方案的设计风格为伊斯兰式。设计强调了伊斯兰回乡风格，吊顶和墙面造型以拱券为主，穹隆是伊斯兰风格代表之一。餐厅设计表现出了回族的文化底蕴，造型纹样精巧、细致，部分装饰色彩为青绿色，民族特征突出，但同时又融合有现代元素，以现代人的审美需求来打造富有传统韵味的空间，将传统文化的脉络传承下去。

5.1.3　AutoCAD 新知识链接及命令操作

1. 夹点的概念

在 AutoCAD 系统中有两种选择对象的次序，其中"对象-命令"选择方式（也称"名词/动词"方式）就是先选择要编辑修改的对象，再激活编辑命令。在待命状态下选择任何对象，在被选择的对象中将出现一些特征点的标记，这些点就称为夹点，如图 5-1-2 所示的黑色小方框。夹点一般出现在对象的特征位置上，如直线的夹点为两个端点和中点，圆的夹点为圆心和象限点等等。用户可以使用夹点结合多种常用编辑功能对所选对象进行编辑操作。

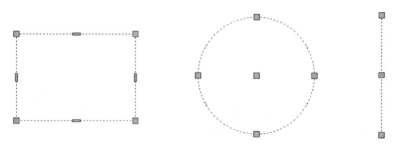

图 5-1-2　直线、矩形和圆的夹点

2. 夹点的设置

选择菜单"工具"→"选项"或在命令行输入"OPTIONS"，在弹出的选项对话框中打开"选择集"选项卡，如图 5-1-3 所示。在对话框的右半边可对夹点功能进行管理和设置。

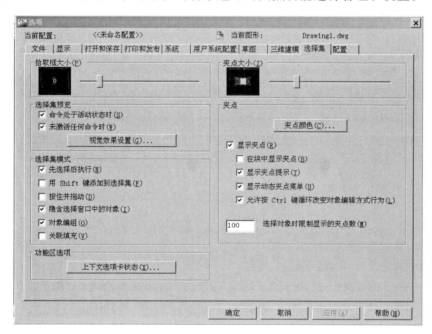

图 5-1-3　选项卡

（1）打开"启用夹点"复选框，夹点功能才能使用。

（2）在上方"夹点大小"栏可以通过移动滑块设置夹点标记的大小。

（3）在下方"夹点"栏可以设置夹点三种状态的颜色，系统默认的颜色为：未选中的夹点为蓝色；选定的夹点为红色；选择过程中悬停的夹点为绿色。用户可以自己进行颜色的指定。

3. 夹点的编辑

夹点编辑是一种快速编辑图形的方式，如果选择了一个夹点，用户可以快速完成使用率最高的"拉伸"、"移动"、"旋转"、"比例缩放"、"镜像"等操作，并且可以用空格键或回车键在五种操作中循环切换。当选中对象的一个夹点，会出现对象的相关参数。例如选择直线的夹点，将出现直线的长度和角度；当选择圆的象限夹点，将出现圆的半径，此时在数据框中输入新的半径值，可以快速修改圆的大小，如图 5-1-4 所示。

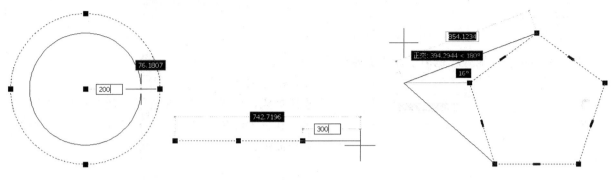

图 5-1-4　夹点的编辑　　　　　　　　图 5-1-5　使用夹点拉伸对象

（1）拉伸编辑。

图 5-1-5 为使用夹点对正五边形进行拉伸使两个边变化的情况。选择已知正五边形，出现 5 个夹点。选择左边一个夹点，命令行出现提示：

＊＊拉伸＊＊

指定拉伸点或［基点(B)/复制(C)/放弃(U)/退出(X)］：

移动光标可以进行实时拉伸编辑以改变长轴半径，也可输入长度数值准确修改两个边，如图 5-1-5 所示。

（2）移动编辑。

选择已知椭圆，出现椭圆的夹点——4 个象限点和圆心。选择任一夹点使其显示红色，并单击空格键一次，命令行出现提示：

＊＊移动＊＊

指定移动点或［基点(B)/复制(C)/放弃(U)/退出(X)］：

此时直接移动光标可实时进行对象的移动，如图 5-1-6 所示。

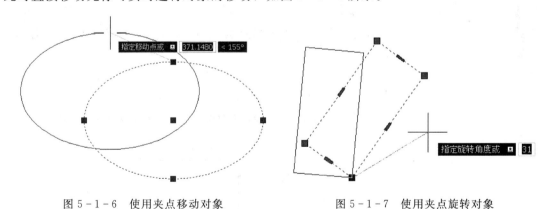

图 5-1-6　使用夹点移动对象　　　　　　图 5-1-7　使用夹点旋转对象

（3）旋转编辑。

选择对象，如图 5-1-7 所示的矩形，出现 4 个夹点，选中一个夹点使其变为红色，并敲击空格键两次，此时命令行提示为：

＊＊旋转＊＊

指定旋转角度或［基点(B)/复制(C)/放弃(U)/参(R)/退出(X)］：

移动光标，可以进行实时旋转编辑，可以按极轴提示角度操作，旋转基点为所选择的夹点。

（4）比例变换编辑。

选择对象，出现夹点后，选择任意夹点使其变为红色，敲击空格键三次，切换到比例缩放编辑，系统提示：

    ＊＊比例缩放 xx

    指定比例因子或［基点(B)/复制(C)/放弃(U)/参照(R)/退出(X)］：

移动光标或直接输入比例因子，可实现实时缩放。

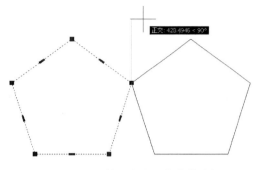

图 5-1-8　使用夹点进行镜像编辑

（5）镜像编辑。

选择对象，如图 5-1-8 所示出现夹点后，选择任意夹点使其变为红色，敲击空格键四次，切换到镜像编辑，系统提示：

    ＊＊镜像＊＊

    指定第二点或［基点(B)/复制(C)/放弃(U)/退出(X)］：

移动光标或观察极轴提示以确定镜像轴，可实时实现镜像编辑，光标确定的点与所选夹点的连线为镜像编辑的对称轴。

5.1.4　任务实施

5.1.4.1　实施步骤的总体描述

样板文件的调用→墙体结构的绘制→门窗的绘制→家具的绘制→地材的绘制→图案填充→立面指向符号的绘制→尺寸和说明文字的标注。

5.1.4.2　平面图的具体绘制过程

1. 调用样板文件

本书第 3 章"AutoCAD 新知识链接"中我们已创建了室内设计施工图样板，该样板已经设置了相应的图形单位、样式等，本章平面图可以直接在此样板的基础上进行绘制。

（1）执行"文件"→"新建"命令，打开"选择样板"对话框。

（2）在对话框中选择"室内设计施工图模板"样板文件。

（3）单击"打开"按钮，以样板创建图形，新图形中包含了样板中创建的图形界限、图形单位、文本及尺寸标注样式、图层设置等内容。

（4）选择"文件"→"保存"命令，打开"图形另存为"对话框，在"文件名"框中输入 DWG 文件名，单击"保存"按钮保存图形。

2. 绘制墙体结构

（1）打开上面保存的 DWG 文件，设置"QT 墙体"图层为当前图层。

（2）调用 Pline/PL 命令，绘制墙体轮廓线水平方向为 23520mm，垂直方向为 22340mm，如图 5-1-9 所示。

图 5-1-9　墙体结构绘制步骤 2

图 5-1-10　墙体结构绘制步骤 3

（3）调用 Offset/O 命令，将绘制的多段线向外偏移 240mm，得到墙体的厚度，如图 5-1-10 所示。

（4）调用 Rectang/rec 命令，绘制边长为 600mm 的柱子，如图 5-1-11 所示。

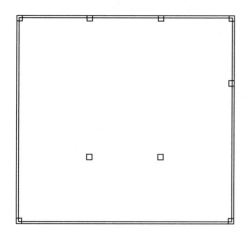

图 5-1-11　最终效果

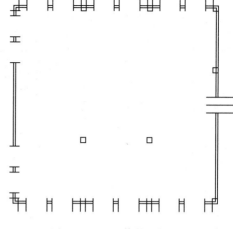

图 5-1-12　修剪出门窗洞

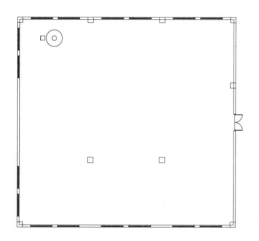

图 5-1-13　家具绘制步骤 1

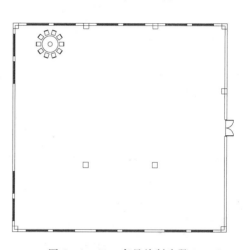

图 5-1-14　家具绘制步骤 2

3. 绘制门窗

（1）先使用 LINE/L 命令、OFFSET/O 命令绘制并偏移出洞口边界线，然后使用 TRIM/TR 命令对墙线进行修剪，修剪出门窗洞，效果如图 5-1-12 所示。

（2）使用 LINE/L 命令、OFFSET/O 命令绘制窗，使用矩形、圆弧命令（圆心→起点→终点）绘制门扇及门轨迹线，效果如图 5-1-13 所示。

4. 绘制家具

（1）绘制或从图库中调用餐桌、餐椅（餐桌直径 1800）并使用 AR 阵列命令，旋转阵列出十把餐椅，如图 5-1-14 所示。

（2）用图块命令将图 5-1-14 中的餐桌、餐椅定义为图块，并将其复制 17 组，如图 5-1-15 所示。

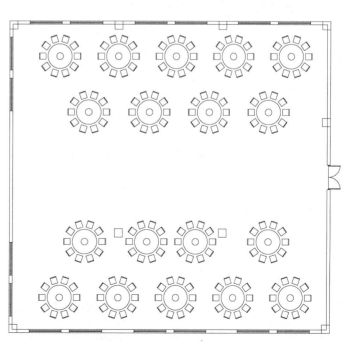

图 5-1-15　家具绘制最终效果

5. 绘制地材

用直线命令绘制如图 5-1-16 所示的主持台及地毯图形（图形居于地面中央）。

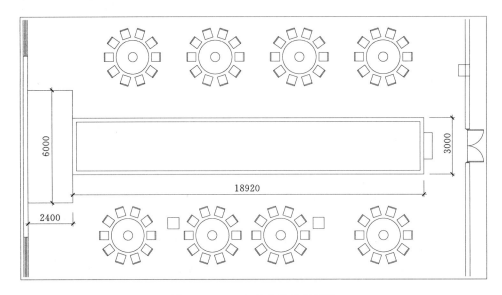

图 5-1-16　主持台及地毯图形

6. 填充图案

用图案填充命令填充方柱（填充图案为实体）和地毯，如图 5-1-17 所示。

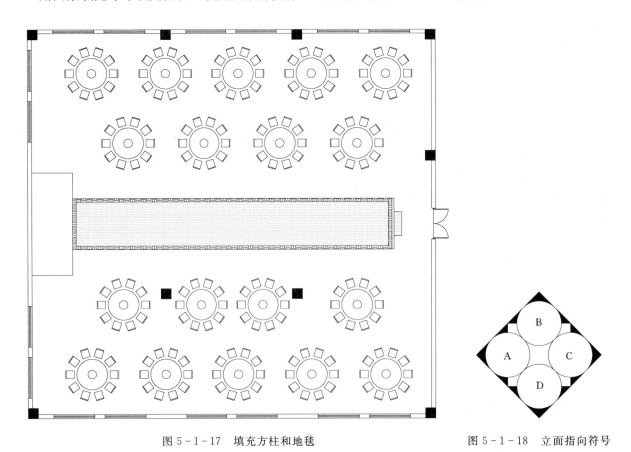

图 5-1-17　填充方柱和地毯　　　　　　图 5-1-18　立面指向符号

7. 立面指向符号的绘制（应用直线、圆命令绘制，绘制时可使用夹持点旋转对象），如图 5-1-18 所示

8.尺寸和说明文字的标注，如图5-1-19所示

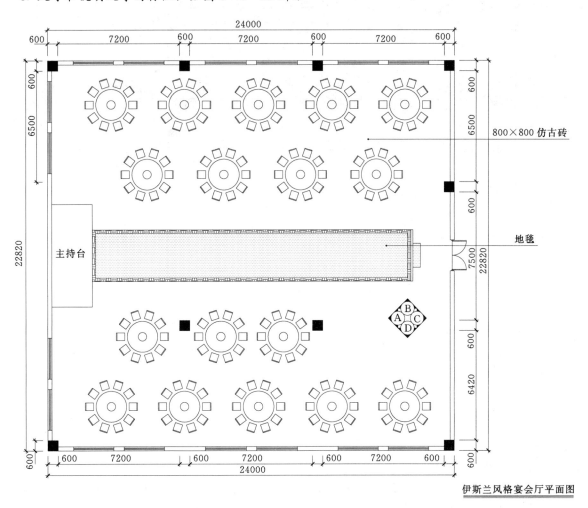

伊斯兰风格宴会厅平面图

图5-1-19 尺寸和说明文字的标注

5.1.5 课外拓展性任务与训练

绘制完成光盘自带的某商业空间其他平面布置图。

5.2 子任务二：商业空间室内设计顶棚图的绘制

5.2.1 任务目标及要求

5.2.1.1 任务目标

绘制完成如图5-2-1所示的图形。

5.2.1.2 任务要求

1.掌握室内顶棚灯具的符号及具体位置。

2.掌握室内各种顶棚的完成面标高。

3.掌握顶棚设备的位置及尺寸（空调送、回风口的位置）。

5.2.2 设计点评

本顶棚设计为伊斯兰风格。伊斯兰建筑具有比较明显的特点——拱券，伊斯兰建筑中的拱券往往看似粗漫但却韵味十足。伊斯兰的纹样堪称世界纹样之冠，有植物纹样、几何纹样，并且以一个纹样为单位，反复连续使用即构成了著名的阿拉伯式花样；另外还有文字纹样，即由阿拉伯文字图案化而构成的装饰性的纹样，用在建筑的某一部分上，文字多是古兰经上的句节。

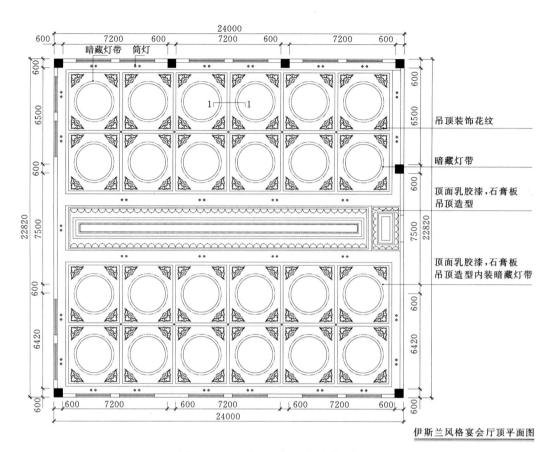

伊斯兰风格宴会厅顶平面图

图 5-2-1　商业空间室内设计顶棚图

5.2.3　任务实施

5.2.3.1　实施步骤的总体描述

复制平面布置图形→顶棚造型的绘制→绘制灯具及顶棚剖切符号→文本及尺寸的标注→填充图案。

5.2.3.2　顶面图的具体绘制过程

1. 复制平面布置图形

顶棚图可在平面布置图的基础上进行绘制。复制平面布置图，删除与顶棚图无关的图形，如图 5-2-2 所示。并调用 LINE/L 命令，在门洞处绘制墙体线。

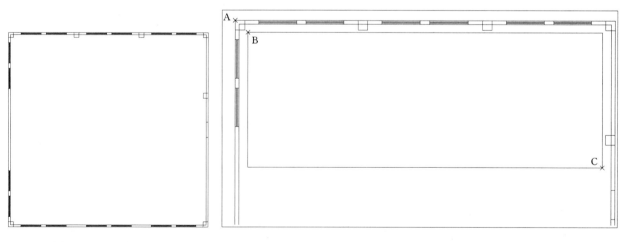

图 5-2-2　整理图形　　　　　　　图 5-2-3　吊顶外形

2. 绘制吊顶造型

（1）设置"DD-吊顶"图层为当前图层。

（2）调用 Rectaug/rec 命令，绘制吊顶外形，如图 5-2-3 所示。

调用矩形命令，以偏移捕捉方式先定出点 B 的位置（点 B 相对于点 A 偏移，偏移值为@800，740。点 A 为两面外墙投影的交点），然后再定出点 C 的位置（点 C 相对于点 B 的坐标为：@22400，8370），绘制完成矩形。

（3）绘制天花藻井。插入第 2 章实例四中绘制的天花藻井装饰纹样，如图 5-2-4 所示。将装饰纹样设置为图块并调整其位置，使其左上角点 D 相对于点 B 的坐标为：@200，-200。如图 5-2-5和图 5-2-6 所示。

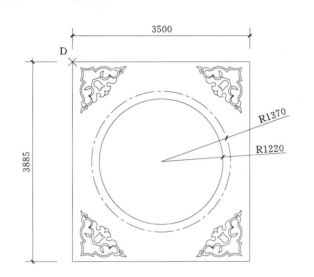

图 5-2-4 天花藻井装饰纹样

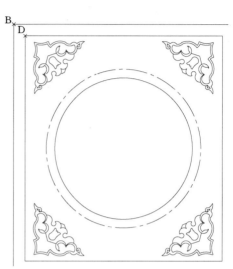

图 5-2-5 绘制天花藻井

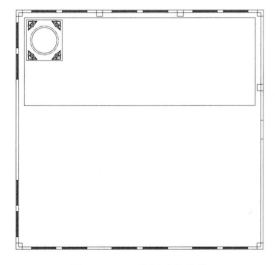

图 5-2-6 绘制天花藻井

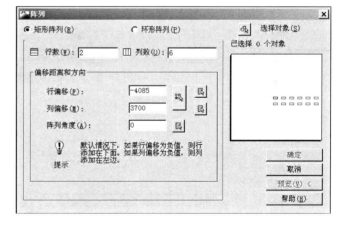

图 5-2-7 参数设置

（4）复制藻井纹样。

将如图 5-2-6 所示的组合纹样复制阵列 12 组，具体参数见图 5-2-7，阵列效果如图 5-2-8所示。将吊顶外形及 12 组组合纹样同时选定后再进行垂直镜像（镜像操作时以图 5-1-1 长 22820的墙线中点引水平线作为镜像轴线），效果如图 5-2-9 所示。

（5）绘制灯池吊顶造型。

1）调用 Rectaug/rec 命令，绘制灯池吊顶外形（两个矩形有一条边重合），如图 5-2-10 所示。

2）选中上图中左边大矩形，向内偏移 100mm，然后运用夹点编辑命令先将偏移后的矩形左边两个角点水平向右移动 100mm，再将偏移后的矩形右边两个角点水平向左移动 100mm，修改后的矩形长边长 20600mm，将修改后的矩形再次向内偏移 100mm，如图 5-2-11 所示。

3）选中如图 5 - 2 - 10 所示右边的小矩形，向内偏移 100mm，如图 5 - 2 - 11 所示。

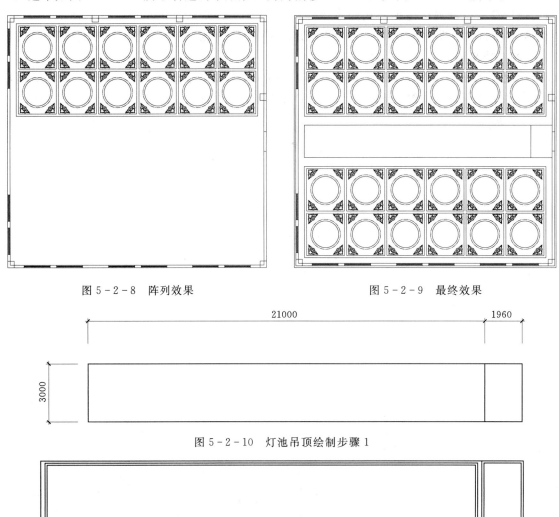

图 5 - 2 - 8　阵列效果

图 5 - 2 - 9　最终效果

图 5 - 2 - 10　灯池吊顶绘制步骤 1

图 5 - 2 - 11　灯池吊顶绘制步骤 2，3

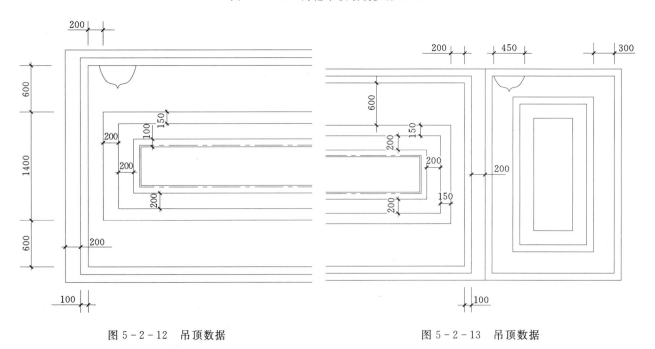

图 5 - 2 - 12　吊顶数据

图 5 - 2 - 13　吊顶数据

4）以如图5-2-12和图5-2-13所示的数据绘制如图5-2-14所示。

5）绘制连续纹样。

先绘制单个拱券纹样，其位置如图5-2-12和图5-2-13所示，纹样直径为450mm。再对纹样进行阵列，阵列效果如图5-2-15所示。

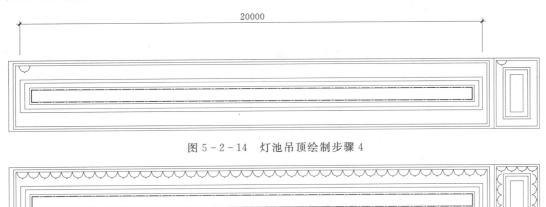

图5-2-14　灯池吊顶绘制步骤4

图5-2-15　灯池吊顶绘制步骤5

6）绘制完成的灯池位置如图5-2-1所示。

3. 绘制灯具及顶棚剖切符号

以圆命令、直线命令绘制直径120mm的筒灯，其数量及位置如图5-2-1所示。以直线命令绘制顶棚剖切符号，位置如图5-2-1所示。

4. 文本及尺寸的标注

以线性标注、连续标注命令标注图形尺寸；以引线标注命令对图形做文字标注。结果如图5-2-1所示。

5. 图案填充

以图案填充命令填充柱子，如图5-2-1所示。

5.2.4　课外拓展性任务与训练

绘制完成光盘自带的某商业空间其他顶平图。

5.3　子任务三：商业空间室内设计立面图的绘制

5.3.1　任务目标及要求

5.3.1.1　任务目标

绘制完成如图5-3-1所示的图形。

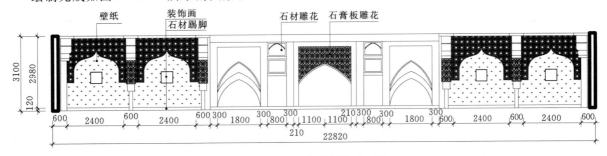

伊斯兰风格宴会厅A立面图

图5-3-1　商业空间室内设计立面图

5.3.1.2 任务要求

1. 掌握餐饮空间室内设计立面图的绘制步骤及方法。
2. 处理好建筑主体结构与立面装饰结构二者之间的关系。
3. 体会立面设计对室内设计风格的影响。
4. 掌握立面图制图规范。

5.3.2 设计点评

立面设计也是室内设计的重要组成部分，它能充分体现室内装饰的风格特征，其造型色彩应与室内整体相协调。本案立面造型简洁，构图对称，为具有现代感的伊斯兰地域风格。

5.3.3 任务实施

5.3.3.1 实施步骤的总体描述

绘制立面外轮廓→绘制墙面装饰造型→填充图案→尺寸标注和文字注释。

5.3.3.2 立面图的具体绘制过程

1. 绘制立面外轮廓

（1）设置"LM立面"图层为当前图层。

（2）调用LINE/L命令，绘制宴会厅A立面的轮廓线（长22820mm，高3100mm），如图5-3-2所示。

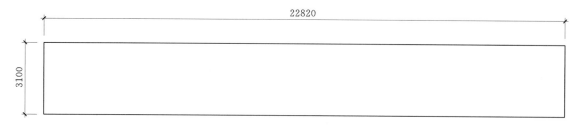

图5-3-2 绘制立面外轮廓

2. 绘制墙面装饰造型

（1）装饰柱及拱券造型的绘制。

1）以多段线、直线及修剪命令绘制装饰柱，如图5-3-3和图5-3-4所示。

2）以矩形、多段线、镜像及修剪命令绘制拱券造型，如图5-3-5所示。

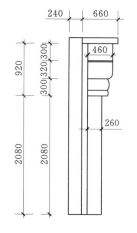

图5-3-3 装饰柱及拱券绘制步骤1

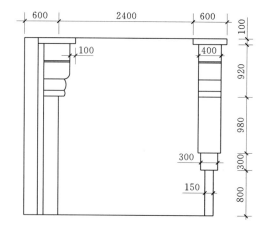

图5-3-4 装饰柱及拱券绘制步骤2

3）将图5-3-4与图5-3-5镜像后的图形加以组合，组合效果如图5-3-6所示，再以复制命令对图5-3-6中的装饰柱及拱券进行复制，并借助夹持点修改拱券水平边长为330mm，调整后的效果如图5-3-7所示。

4）将图5-3-7与图5-3-8中的（a）、（b）、（c）进行组合，组合效果如图5-3-9所示。

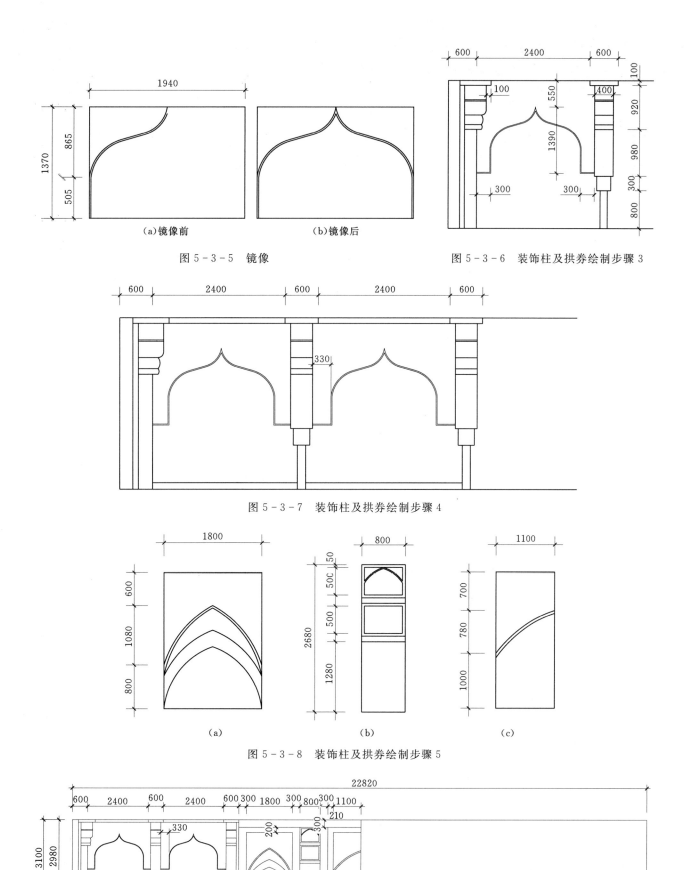

（a)镜像前　　　　　　（b)镜像后

图 5-3-5　镜像

图 5-3-6　装饰柱及拱券绘制步骤 3

图 5-3-7　装饰柱及拱券绘制步骤 4

（a)　　　　　　　　（b)　　　　　　　　（c)

图 5-3-8　装饰柱及拱券绘制步骤 5

图 5-3-9　装饰柱及拱券绘制步骤 6

（2）细部装饰纹样的绘制。

1）以多段线、直线及修剪命令绘制装饰纹样，如图 5-3-10 和图 5-3-11 所示。将图 5-3-10 镜像后的图形复制至图 5-3-13 右上角。

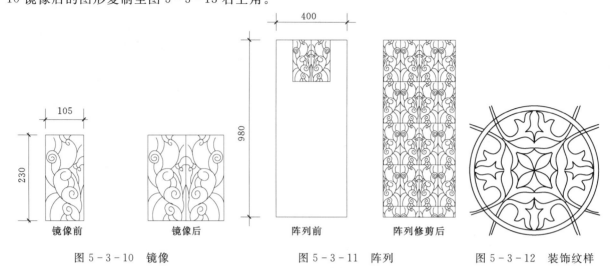

图 5-3-10　镜像　　　　　　　　　　　图 5-3-11　阵列　　　　　　　图 5-3-12　装饰纹样

2）将第 2 章实例四中绘制的圆形装饰纹样插入图 5-3-13 中，如图 5-3-12 所示。

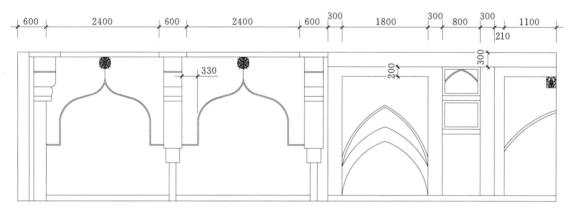

图 5-3-13　插入图形

3）对如图 5-3-13 所示的方形及圆形装饰纹样进行阵列修剪，修剪后的效果如图 5-3-14 所示，细部放大图见图 5-3-15 和图 5-3-16。

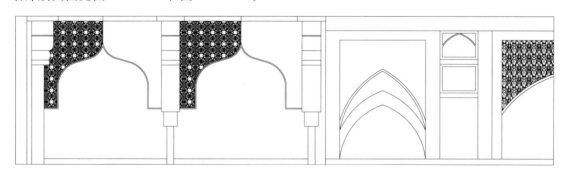

图 5-3-14　修剪后的效果

4）将图 5-3-14 中已绘制完成的所有拱券纹样分别向右镜像，效果如图 5-3-17 所示；再将如图 5-3-11 所示阵列修剪后的装饰纹样复制到如图 5-3-17 装饰柱的下方。

（3）将图 5-3-17 的全部图形水平向右镜像（镜像操作时由长为 22820mm 的直线中点引垂直线作为镜像轴线），完成整体造型的绘制，如图 5-3-18 所示。

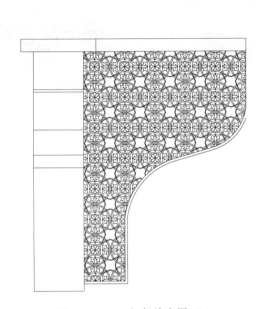

图 5 - 3 - 15　细部放大图（1）　　　　　图 5 - 3 - 16　细部放大图（2）

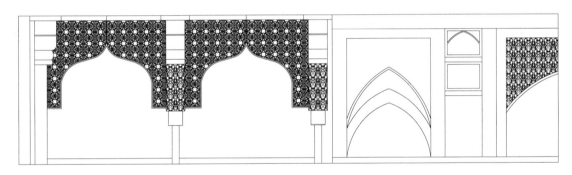

图 5 - 3 - 17　镜像

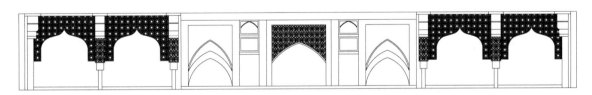

图 5 - 3 - 18　整体造型绘制

3. 图案填充

以图案填充命令填充拱券下方图形，如图 5 - 3 - 19 所示。

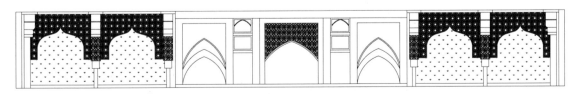

图 5 - 3 - 19　图案填充

4. 尺寸及文字标注

以线性标注、连续标注命令标注图形尺寸；以多重引线标注命令对图形做文字标注。结果如图5-3-20所示。

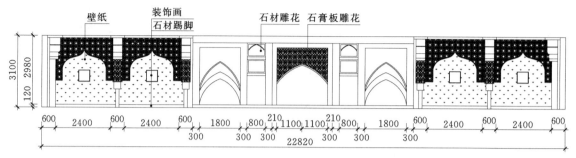

伊斯兰风格宴会厅A立面图

图 5-3-20　尺寸及文字标注

5.3.4　课外拓展性任务与训练

绘制完成光盘自带的某商业空间其他立面图。

第6章 任务五：家具及装饰结构体三维效果图的绘制

6.1 任务目标及要求

6.1.1 任务目标

绘制完成如图6-1-1所示的图形。

图6-1-1 家具及装饰结构体三维效果图

6.1.2 任务要求

要求按照制图标准和规范，掌握恰当的三维模型的建立方法、视点设置、材质设置、灯光布置、渲染等相关命令及绘图技巧，初步具备绘制三维效果图的能力。

6.2 设计点评

此设计立案立面布置合理，考虑得比较细致，手法处理新颖。从色调上来讲，为暖色调，色彩反差不大。特别是在电视墙的上方巧妙地运用了镜面，使得空间得以扩展，增加了更多的变化。风格简洁、现代，界面设计及空间安排既整体，又富有节奏，给人一种温馨舒适的感觉。

6.3 AutoCAD新知识链接及命令操作

在"AutoCAD新知识链接及命令操作"中，我们只介绍三维建模方面的知识，材质贴图、灯光设置及渲染等技巧将结合"任务实施"加以讲解。

将工作空间设置为三维建模，如图6-3-1所示。

6.3.1 三维视图的设定

三维视图是在三维空间中从不同视点方向上观察到的三维模型的投影，我们可以通过指定视点得到三维视图，根据视点位置的不同，可以把投影视图分为标准视图、等轴测视图和任意视图。

标准视图即为"正投影视图"，分别指俯视图（将视点设置在上面）、仰视图（将视点设置在下面）、左视图（将视点设置在左面）、右视图（将视点设置在右面）、主视图（将视点设置在前面）、后视图（将视点设置在后面）。等轴测视图是指将视点设置为等轴测方向，即从45°方向观测对象，分别有西南等轴测、东南等轴测、东北等轴测和西北等轴测。任意视图是在空间任意设置一个视点得到的视图。

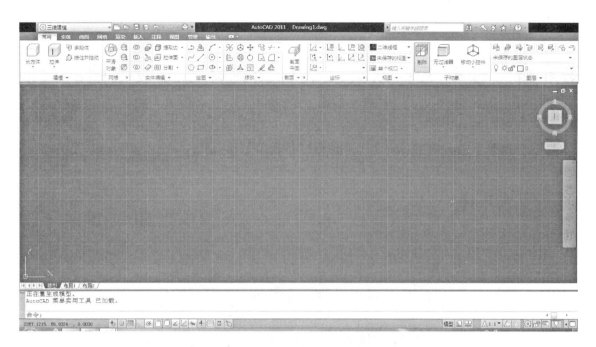

图 6-3-1　三维建模界面

AutoCAD 2011 的缺省显示视图为 XY 平面视图，是从 Z 轴正方向无穷远处向 Z 轴负无穷远处看去得到的投影图，也就是俯视图。图 6-3-2 为视图功能面板。其中包括 7 个功能区。通常可以使用视点命令来设置一个三维视图。

图 6-3-2　视图功能面板

1. 任意视点设置命令（Vpoint）

下拉菜单："视图" → "三维视图" → "视点"。

命令行：Vpoint。

视点命令用于任意设置和改变视点，从而得到任意三维视图。用 Vpoint 命令来选择一个视点，并从该视点来观察物体，即能在屏幕生成一个从相应视点投影而得到的三维图形。

说明

执行此命令，命令行提示：

"指定视点或［旋转（R）］＜显示指针和三脚架＞："。

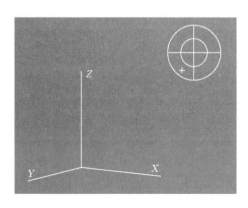

图 6-3-3　显示指针和三脚架

• 视点：输入一个任意的空间坐标点作为视点，从而得到一个三维视图，其投影方向为由视点指向原点。

• 显示指针和三脚架：不输入视点坐标，直接回车则显示指针和三脚架示意图。如图 6-3-3 所示。

三脚架分别代表 X，Y，Z 轴的正方向，罗盘相当于一个球体的俯视图，十字光标的位置代表视点的位置。移动十字光标，光标位于罗盘中心和大圆上时，表示视点分别在 Z 轴的正、负方向上，即俯视图或仰视图；光标位于小圆内表示视点在 XOY 平面上方非 Z 轴上，即由斜上向下看；光标位于大圆与小圆之间，则表示视点位于 XOY 平面下方非 Z 轴上，即由斜下向上看；在小圆上则表示平视。

移动光标，当光标处于适当位置，单击鼠标左键，便可确定视点。

常用视点矢量（视点坐标）设置及对应的视图，见表 6-3-1。

表 6-3-1　　　　　　　　　　　　常用视点矢量（视点坐标）设置及对应的视图

视点坐标	所显示的视图	视点坐标	所显示的视图
0，0，1	顶面（俯视）	-1，-1，-1	底面、正面、左面
0，0，-1	底面（仰视）	1，1，-1	底面、背面、右面
0，-1，0	正面（前视）	-1，1，-1	底面、背面、左面
0，1，0	背面（后视）	1，-1，1	顶面、正面、左面（东南轴测）
1，0，0	右面（右视）	-1，-1，1	顶面、正面、右面（西南轴测）
-1，0，0	左面（左视）	1，1，1	顶面、背面、右面（东北轴测）
1，-1，-1	底面、正面、右面	-1，1，1	顶面、背面、左面（西北轴测）

视点设置实例：

如图 6-3-4 所示，通过这个练习感受一下简单的三维空间效果。

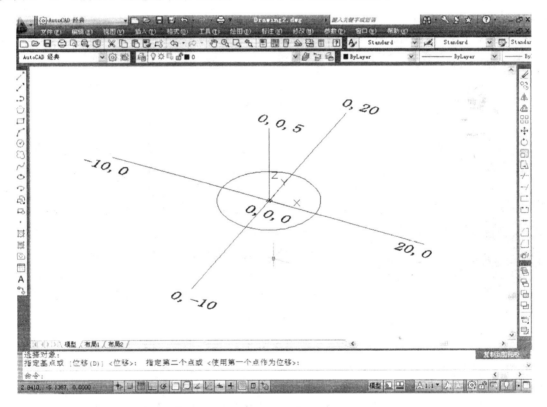

图 6-3-4　视点设置

命令：

VPOINT

当前视图方向：VIEWDIR＝0.0000，0.0000，1.0000

指定视点或［旋转（R）］〈显示指南针和三脚架〉：1，-2，1.5

正在重生成模型。

命令：L　　　　　　　　　　（画 X 轴）

LINE 指定第一点：-10，0

指定下一点或［放弃（U）］：@20，0

指定下一点或［放弃（U）］：

命令：L　　　　　　　　　　（画 Y 轴）

LINE 指定第一点:0,-10

指定下一点或[放弃(U)]:@0,20

指定下一点或[放弃(U)]:

命令:L   (画 Z 轴)

LINE 指定第一点:0,0,0

指定下一点或[放弃(U)]:@0,0,5

指定下一点或[放弃(U)]:

【注意】

（1）Vpoint 命令所设视点的投影为轴测投影图，而不是透视投影图，其投影方向是视点 A（X，Y，Z）与坐标原点 O 的连线。

（2）视点只指定方向，不指定距离，也就是说，在 OA 直线及其延长线上选择任意一点作为视点，其投影效果是相同的。

（3）一旦使用 Vpoint 命令选择一个视点之后，这个位置一直保持到重新使用 Vpoint 命令改变它为止。

2．动态观察

视图动态显示，能生成平行投影和透视图。

（1）动态观察器。

菜单："视图"→"动态观察"→"自由动态观察"。

功能区：[动态观察] [自由动态观察]。

命令行：3Dorbit（3DO）。

激活当前视口中交互的三维动态观察器，如图 6-3-5 所示。

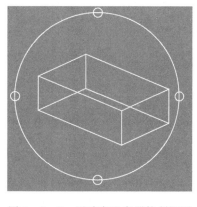

图 6-3-5　用动态观察器控制视图

（2）动态视点。

使在空间构造的三维形体显示为立体图形（包括轴测图和透视图），透视图的具体设置方法将在"任务实施"中介绍，并且随着给出不同的观测位置和方向做出相应的改变。通过该命令可以准确的设置视点和目标点的位置，从而可以更明确观察的位置。

命令行：DVIEW。

执行该命令并直接回车后命令窗口显示为：

输入选项［相机（CA）/目标（TA）/距离（D）/点（PO）/平移（PA）/缩放（Z）/扭曲（TW）/剪裁（CL）/隐藏（H）/关（O）/放弃（U）］：

各选项含义如下：

• 相机（CA）：调整视点（相机）与目标物的相对位置（距离不变）。

• 目标（TA）：调整目标点的位置（距离不变），使目标相对于相机旋转。

• 距离（D）：调整视点与目标的距离。用于生成透视图，生成透视图必须设置距离。该选项设置相机与目标点的相对位置。默认距离为相机和目标点的当前距离。

• 点（PO）：设置相机和目标的相对位置。

• 平移（PA）：移动屏幕画面而不改变透视效果。

• 缩放（Z）：通过滑块定位确定缩放比例，范围 0～16 倍，也可输入比例值。

• 扭曲（TW）：使整个画面绕视线旋转一定角度，相当于相机绕镜头轴线旋转一定角度。

• 剪裁（CL）：控制剪切平面的有无和前后剪切平面的位置。仅显示两个剪切平面之间的物体的透视图。

• 隐藏（H）：对形成的透视图进行消隐控制。

• 关（O）：关闭透视方式。

• 放弃（U）：取消上一次 DVIEW 操作。

6.3.2 用户坐标系统的设定及其在三维制图中的应用

在三维空间中需要使用三维坐标来表示空间某一点的位置。所谓三维坐标就是在二维的基础上增加一个 Z 坐标。

在三维空间中创建对象时，可以使用笛卡尔坐标、柱坐标或球坐标定位点。（柱坐标和球坐标定位本书不做介绍）。

三维笛卡尔坐标通过使用三个坐标值来指定精确的位置：X、Y 和 Z。

1. 三维笛卡尔坐标

一般来说，工程人员使用的坐标系均为笛卡尔坐标系，采用右手定则来确定各坐标轴的方向。将右手手背靠近屏幕放置，大拇指指向 X 轴的正方向，如图 6-3-6 所示，伸出食指和中指，食指指向 Y 轴的正方向，中指所指示的方向即 Z 轴的正方向。

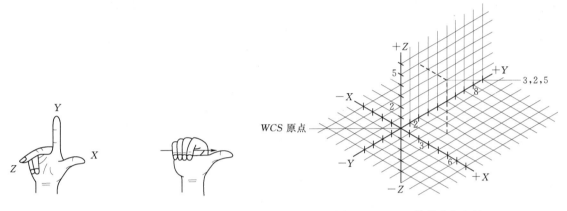

图 6-3-6　右手定则　　　　　　　　图 6-3-7　三维笛卡尔坐标

三维笛卡尔坐标格式如下：

X，Y，Z（绝对坐标）。

@X，Y，Z（相对坐标）。

如图 6-3-7 所示，坐标值（3，2，5）表示一个沿 X 轴正方向 3 个单位，沿 Y 轴正方向 2 个单位，沿 Z 轴正方向 5 个单位的点。

2. 三维用户坐标（UCS）

AutoCAD 默认的坐标系统为世界坐标系（WCS），它是固定的，不能改变的。这个系统对于二维绘图基本能够满足，但对于三维立体绘图，实体上的各点位置关系不明确，绘制图形时会感到很不方便。因此，在 AutoCAD 系统中提供了可以自己建立的专用坐标系，既用户坐标系（UCS）。

（1）定义用户坐标系。

可以按照以下几种方式定义 UCS。

1）用三维实体的面创建 UCS。依次单击"工具（T）"→"新建 UCS（W）"→"面（F）"，或在命令提示下，输入 UCS/F。新 UCS 附着在选择的面上，X 轴与选择面的最近边对齐。

2）三点创建 UCS：指定 UCS 的新原点（第一个点）、指定新 X 轴上的点（第二个点）、指定新 XY 平面上的点（第三个点）。在三维中定义新 UCS 原点的步骤：

依次单击"工具（T）"→"新建 UCS（W）"→"原点（N）"，或在命令提示下，输入 UCS。输入新的原点位置，原点（0，0，0）被重新定义到指定点处。

3）将新 UCS 与当前观察方向对齐。

依次单击"工具（T）"→"新建 UCS（W）"→"视图（V）"，或在命令提示下，输入 UCS/V。AutoCAD 将新的 UCS 的 XOY 平面设置在与当前视图平行的平面上，且原点不动。

4）绕指定坐标轴旋转当前 UCS。

依次单击工具（T）→新建 UCS（W）→$X/Y/Z$ 或在命令提示下，输入 UCS/X（或 Y、Z）。

可以输入正或者负角度绕指定轴旋转 UCS。

UCS 设置实例：如图 6-3-8，在图 6-3-4 的基础上先绕指定的 X 轴旋转当前的 $UCS90°$，之后就可以很方便地以点 20，0 为圆心绘制出竖直的圆来。

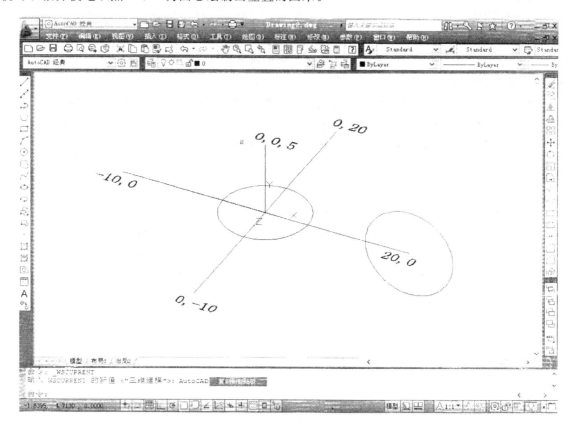

图 6-3-8　UCS 设置实例

5）命名 UCS。

依次单击"工具（T）"→"命名 UCS（U）" ，或在命令提示下，输入 UCS/NA。

6）恢复上一个 UCS 的位置和方向。

依次单击"工具（T）"→"新建 UCS（W）"→"上一个" ，或在命令提示下，输入 UCS/P。

（2）在实体模型中使用动态 UCS。

使用动态 UCS 功能，可以在创建对象时使 UCS 的 XY 平面自动与实体模型上的平面临时对齐。也可以通过在面的一条边上移动指针对齐 UCS，而无需使用 UCS 命令。结束该命令后，UCS 将恢复到其上一个位置和方向。

利用动态 UCS 可以轻松地在角度面上创建对象。如图 6-3-9 所示，可以使用动态 UCS 在实体模型的一个角度面上创建矩形，并拉伸生成最终模型。

选定的面　　　　　动态 UCS 的基点和原点　　　　　结果

图 6-3-9　利用动态 UCS 创建模型

可以用 F6 键或状态栏上 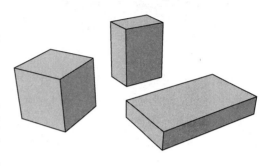按钮控制动态 *UCS* 的开关。

6.3.3　基本实体对象的建立

实体模型是具有质量、体积、重心和惯性矩等特性的封闭三维体。可以从基本实体对象（例如圆锥体、长方体、圆柱体和棱锥体）开始绘制，然后进行修改并将其重新合并以创建新的形状。

1. 长方体 *BOX*（见图 6 - 3 - 10）

（1）创建方法。

功能区："实体"→"图元"→"🟦 长方体"。

菜单："绘图（D）"→"建模（M）"→"长方体（B）"。

根据用户的操作，命令行将依次显示以下提示：

指定第一个角点或［中心点（C）：指定点或输入 C 指定圆心，指定其他角点或［立方体（C）/长度（L）］：指定长方体的另一角点或输入选项，（如果长方体的另一角点指定的 Z 值与第一个角点的 Z 值不同，将不显示高度提示。）

图 6 - 3 - 10　长方体

指定高度或［两点（2P）］＜默认值＞：指定高度或为"两点"选项输入 2P，［输入正值将沿当前 *UCS* 的 Z 轴正方向绘制高度。输入负值将沿 Z 轴负方向绘制高度。始终将长方体的底面绘制为与当前 *UCS* 的 *XY* 平面（工作平面）平行。在 Z 轴方向上指定长方体的高度。可以为高度输入正值和负值］。

创建实体长方体的提示选项如下：

1）中心点：使用指定的中心点创建长方体，如图 6 - 3 - 11 所示。

2）立方体：创建一个长、宽、高相同的长方体，如图 6 - 3 - 12 所示。

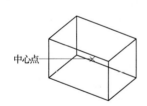

图 6 - 3 - 11　中心点创建长方体

图 6 - 3 - 12　创建立方体

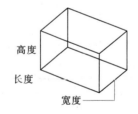

图 6 - 3 - 13　长宽高创建长方体

3）长度：按照指定长宽高创建长方体。长度与 X 轴对应，宽度与 Y 轴对应，高度与 Z 轴对应。如果拾取点以指定长度，则还要指定在 *XY* 平面上的旋转角度，如图 6 - 3 - 13 所示。

（2）操作步骤。

1）基于两个点和高度创建实心长方体的步骤。

依次单击"实体"→"图元"→"🟦 长方体"，或在命令提示下，输入 box。

指定底面第一个角点的位置，指定底面对角点的位置，指定高度。

2）创建实体立方体的步骤。

依次单击"实体"→"图元"→"🟦 长方体"，或在命令提示下，输入 box。

指定第一个角点或输入 c（中心点）以指定底面的中心点，在命令提示下，输入 c（立方体）。指定立方体的长度和旋转角度。长度值用于设定立方体的宽度和高度。

2. 圆锥体 CONE（见图 6 - 3 - 14）

（1）创建三维实体圆锥体 CONE 的方法。

功能区："实体"→"图元"→"🔺 圆锥体"。

菜单："绘图（D）"→"建模（M）"→"圆锥体（O）"。

创建一个三维实体，该实体以圆或椭圆为底面，以对称方式形成锥体表面，最后交于一点，或交于圆或椭圆的平整面。可以通过 FACETRES 系统变量控制着色或隐藏圆锥体的平滑度。

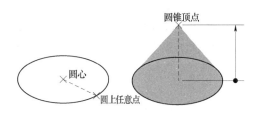

图 6-3-14　创建圆锥体

图 6-3-15　圆心创建
圆锥体

图 6-3-16　半径高度创建
圆锥体

创建圆锥体时根据用户的操作，命令行将依次显示以下提示：

指定底面的圆心或［三点（3P）/两点（2P）/相切、相切、半径（T）/椭圆（E）］：指定点（1）或输入选项，指定底面半径或［直径（D）］＜默认值＞：指定底面半径、输入 d 指定直径或按 Enter 键指定默认的底面半径值，指定高度或［两点（2P）/轴端点（A）/顶面半径（T）］＜默认值＞：指定高度、输入选项或按 Enter 键指定默认高度值。

创建实体圆锥体的提示选项：

1）圆心。底面的中心点，使用指定的圆心创建圆锥体的底面（见图 6-3-15）。

2）三点（3P）。通过指定三个点来定义圆锥体的底面周长和底面。

3）两点（2P）。通过指定两个点来定义圆锥体的底面直径。

4）切点、切点、半径。定义具有指定半径，且与两个对象相切的圆锥体底面。

5）椭圆。指定圆锥体的椭圆底面。

6）两点。指定圆锥体的高度为两个指定点之间的距离。

7）轴端点。指定圆锥体轴的端点位置。轴端点是圆锥体的顶点，或圆台的顶面圆心（"顶面半径"选项）。轴端点可以位于三维空间的任意位置。轴端点定义了圆锥体的长度和方向。

8）顶面半径。指定创建圆锥体平截面时圆锥体的顶面半径（见图 6-3-17）。

【注意】

最初，默认底面半径、直径、顶面半径未设定任何值。执行绘图任务时，底面半径、直径、顶面半径的默认值始终是先前输入的任意实体图元的底面半径、直径、顶面半径值。

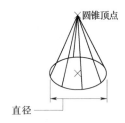

图 6-3-17　直径、高度创建圆锥体

图 6-3-18　创建圆锥台体

（2）操作步骤。

1）以圆作底面创建圆锥体的步骤（见图 6-3-17）。

依次单击"实体"→"图元"→"△ 圆锥体"，或在命令提示下，输入 cone。

指定底面中心点。

指定底面半径或直径。

指定圆锥体的高度。

2）以椭圆底面创建实体圆锥体的步骤。

依次单击"实体"→"图元"→"△ 圆锥体"，或在命令提示下，输入 cone，在命令提示下，输入 e（椭圆）。

指定第一条轴的起点。

指定第一条轴的端点。

指定第二条轴的端点（长度和旋转）。

指定圆锥体的高度。

3）创建实体圆台的步骤（见图 6-3-18）。

依次单击"实体"→"图元"→"△圆锥体"，或在命令提示下，输入 cone。

指定底面中心点。

指定底面半径或直径，在命令提示下，输入 t（顶面半径）。指定顶面半径。

指定圆锥体的高度。

4）创建由轴端点指定高度和方向的实体圆锥体的步骤。

依次单击"实体"→"图元"→"△圆锥体"，或在命令提示下，输入 cone。

指定底面中心点。

指定底面半径或直径。

在命令提示下，输入 a（轴端点）。指定圆锥体的端点和旋转。

此端点可以位于三维空间的任意位置。

3. 圆柱体 CYLINDER（见图 6-3-19）

（1）创建实体圆柱体的方法。

功能区："实体"→"图元"→"□圆柱体"。

菜单栏："绘图"→"建模"→"圆柱体（C）"。

在图 6-3-20 中，使用圆心（1）、半径上的一点（2）和表示高度的一点（3）创建了圆柱体。圆柱体的底面始终位于与工作平面平行的平面上。可以通过 FACETRES 系统变量控制着色或圆柱体的平滑度。

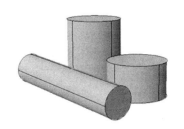

图 6-3-19　圆柱体

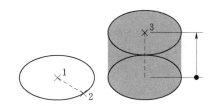

图 6-3-20　创建圆柱体

执行绘图任务时，底面半径的默认值始终是先前输入的底面半径值。

创建圆柱体时根据用户的操作，命令行将依次显示以下提示：

指定底面的圆心或 ［三点（3P）/两点（2P）/相切、相切、半径（T）/Elliptical（E）］：指定圆心或输入选项。

指定底面半径或 ［Diameter（D）］＜默认值＞：指定底面半径、输入 d 指定直径或按 Enter 键指定默认的底面半径值。

指定高度或 ［2Point（2P）/轴端点（A）］＜默认值＞：指定高度、输入选项或按 Enter 键指定默认高度值。

创建实体圆柱体的提示选项：

a. 三点（3P）通过指定三个点来定义圆柱体的底面周长和底面。

b. 两点（2P）通过指定两个点来定义圆柱体的底面直径。两点指定圆柱体的高度为两个指定点之间的距离。

c. 切点、切点、半径定义具有指定半径，且与两个对象相切的圆柱体底面。有时会有多个底面符合指定的条件。程序将绘制具有指定半径的底面，其切点与选定点的距离最近。

d. 椭圆。指定圆柱体的椭圆底面。

e. 直径。指定圆柱体的底面直径。

f. 圆心。使用指定的圆心创建圆柱体的底面。

g. 轴端点。指定圆柱体轴的端点位置。此端点是圆柱体的顶面圆心。轴端点可以位于三维空间的任意位置。轴端点定义了圆柱体的长度和方向。

（2）操作步骤。

1）以圆底面创建实体圆柱体的步骤（见图 6-3-22）。

依次单击"实体"→"图元"→"圆柱体"，或在命令提示下，输入 cylinder。

指定底面中心点。

指定底面半径或直径。

指定圆柱体的高度。

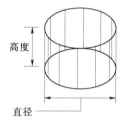
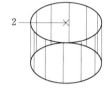

图 6-3-21　创建椭圆柱体　　　　图 6-3-22　直径与圆心创建圆柱体

2）以椭圆底面创建实体圆柱体的步骤（见图 6-3-21）。

依次单击"实体"→"图元"→"圆柱体"或在命令提示下，输入 cylinder。

在命令提示下，输入 e（椭圆）。

指定第一条轴的起点。

指定第一条轴的端点。

指定第二条轴的端点（长度和旋转）。

指定圆柱体的高度。

3）创建采用（轴端点）指定高度和旋转的实体圆柱体的步骤。

依次单击"实体"→"图元"→"圆柱体"，或在命令提示下，输入 cylinder。

指定底面中心点。

指定底面半径或直径。

在命令提示下，输入 a（轴端点）。指定圆柱体的轴端点。此端点可以位于三维空间的任意位置。

4. 球体 SPHERE（见图 6-3-23）

（1）创建实体球体的方法。

可以使用多种方法中的一种创建球体。如果从圆心开始创建，球体的中心轴将与当前用户坐标系（UCS）的 Z 轴平行。

功能区："实体"→"图元"→"球体"。

菜单："绘图（D）"→"建模（M）"→"球体（S）"。

可以通过指定圆心和半径上的点创建球体。可以通过 FACETRES 系统变量控制着色或隐藏球体的平滑度（见图 6-3-24）。

指定球体的圆心，之后，将放置球体以使其中心轴与当前用户坐标系（UCS）的 Z 轴平行。纬线与 XY 平面平行。

图 6-3-23　实体球

"半径"可定义球体的半径，"直径"可定义球体的直径。

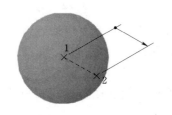
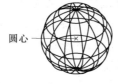
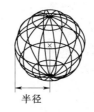
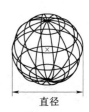

圆心　　　　　　　　　　　半径　　　　　　　直径

图 6 - 3 - 24　创建实体球　　　　　　　　　图 6 - 3 - 25　创建球体选项

（2）创建实体球体的提示选项（见图 6 - 3 - 25）。

下命令后，将显示以下提示：

指定中心点或［三点（3P）/两点（2P）/切点、切点、半径（T）］：指定点或输入选项

说明

• 三点（3P）：指定三个点以设定圆周或半径的大小和所在平面。通过在三维空间的任意位置指定三个点来定义球体的圆周。三个指定点也可以定义圆周平面。

• 两点（2P）：指定两个点以设定圆周或半径。通过在三维空间的任意位置指定两个点来定义球体的圆周。第一点的 Z 值定义圆周所在平面。

• 切点、切点、半径：基于其他对象设定球体的大小和位置。通过指定半径定义可与两个对象相切的球体。指定的切点将投影到当前 UCS。

（3）操作步骤。

1）创建球体的步骤。

依次单击"实体"→"图元"→"○ 球体"，或在命令提示下，输入 sphere。

指定球体的球心。

指定球体的半径或直径。

2）创建由三个点定义的球体的步骤。

在命令提示下，输入 sphere。

在命令提示下，输入 3P（三点）。指定第一点。

指定第二点。

指定第三点。

【注意】

因篇幅所限，其他的实体建模命令不再介绍，读者请参考其他书籍自学。

6.3.4　创建网格模型

在三维建模时，可通过填充其他对象（例如直线和圆弧）之间的空隙来创建网格形式。

可以使用多种方法创建边由其他对象定义的网格对象。MESHTYPE 系统变量可控制新对象是否为有效的网格对象，还可以控制是使用传统多面几何图形还是多边几何图形创建该对象。

可以通过更改视觉样式（VISUALSTYLES）来控制网格是显示为线框图像、隐藏图像还是概念图像。

1. 以其他对象为基础创建的网格类型

可以创建多种以现有对象为基础的网格类型：

（1）直纹网格。RULESURF 命令可创建表示两条直线或曲线之间的直纹曲面的网格（见图 6 - 3 - 26）。

（2）平移网格。TABSURF 命令可创建表示常规展平曲面的网格。曲面是由直线或曲线的延长线（称为路径曲线）按照指定的方向和距离（称为方向矢量

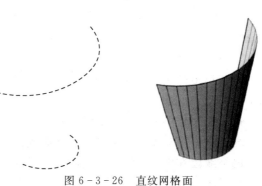

图 6 - 3 - 26　直纹网格面

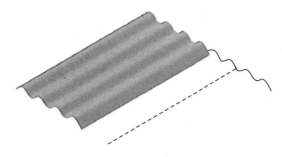

图 6-3-27 平移网格面

或路径）定义的（见图 6-3-27）。

（3）旋转网格。REVSURF 命令可通过绕指定轴旋转轮廓来创建与旋转曲面近似的网格。轮廓可以包括直线、圆、圆弧、椭圆、椭圆弧、多段线、样条曲线、闭合多段线、多边形、闭合样条曲线和圆环（见图 6-3-28）。

（4）边界定义的网格。EDGESURF 命令可创建一个网格，此网格近似于一个由四条邻接边定义的孔斯曲面片网格。孔斯曲面片网格是在四条邻接边（这些边可以是普通的空间曲线）之间插入的双三次曲面（见图 6-3-29）。

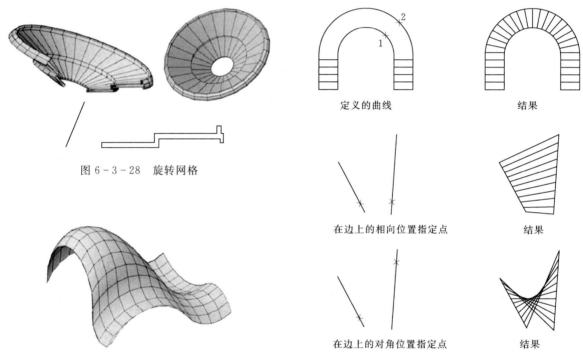

图 6-3-28 旋转网格

图 6-3-29 边界定义的网格

定义的曲线　　　　结果

在边上的相向位置指定点　　　　结果

在边上的对角位置指定点　　　　结果

图 6-3-30 创建直纹网格

2. 网格模型的创建要点及操作步骤

（1）创建直纹网格（见图 6-3-30）。

1）创建要点。

使用 RULESURF 命令，可以在两条直线或曲线之间创建网格。可以使用两种不同的对象定义直纹网格的边界：直线、点、圆弧、圆、椭圆、椭圆弧、二维多段线、三维多段线或样条曲线。

用作直纹网格"轨迹"的两个对象必须全部开放或全部闭合。点对象可以与开放或闭合对象成对使用。可以在闭合曲线上指定任意两点来完成此操作。对于开放曲线，将基于曲线上指定点的位置构造直纹网格。

2）创建步骤。

依次单击"绘图（D）"→"建模（M）"→"网格（M）"→"直纹网格（R）"，或在命令提示下，输入 rulesurf。

选择要用作第一条定义曲线的对象。

再选择一个对象作为第二条定义曲线。

网格线段在定义曲线之间绘制。线段的数目与 SURFTAB1 设定的值相等。

如果需要，删除原曲线。

（2）创建平移网格。

1）创建要点。

使用 TABSURF 命令可以创建网格，该网格表示由路径曲线和方向矢量定义的常规展平曲面。路径曲线可以是直线、圆弧、圆、椭圆、椭圆弧、二维多段线、三维多段线或样条曲线。方向矢量可以是直线，也可以是开放的二维或三维多段线。

可以将使用 TABSURF 命令创建的网格看作是指定路径上的一系列平行多边形。原对象和方向矢量必须已绘制，如图 6-3-31 所示。

指定的对象　　　　　　指定的方向矢量　　　　　　结果

图 6-3-31　创建平移网格

2）创建步骤。

依次单击"绘图（D）"→"建模（M）"→"网格（M）"→"平移网格（T）"，在命令提示下，输入 tabsurf。

指定对象以定义展平曲面（路径曲线）的整体形状。

（该对象可以是直线、圆弧、圆、椭圆或二维/三维多段线。）

指定用于定义方向矢量的开放直线或多段线。

网格从方向矢量的起点延伸至端点。

如果需要，删除原对象。

（3）创建旋转网格（见图 6-3-32）。

1）创建要点。

可以使用 REVSURF 命令通过绕轴旋转对象的轮廓来创建旋转网格。REVSURF 命令适用于对称旋转的网格形式。

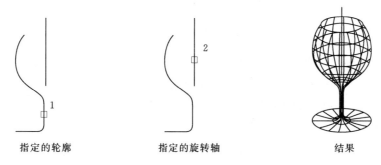

指定的轮廓　　　　　　指定的旋转轴　　　　　　结果

图 6-3-32　创建旋转网格

该轮廓称为路径曲线。它可以由直线、圆、圆弧、椭圆、椭圆弧、多段线、样条曲线、闭合多段线、多边形、闭合样条曲线或圆环的任意组合组成。

2）创建步骤。通过旋转创建实体或曲面。

依次单击"绘图（D）"→"建模（M）"→"网格（M）"→"旋转网格（M）"，或在命令提示下，输入 revsurf。

指定对象以定义路径曲线。

路径曲线定义了网格的 N 方向，它可以是直线、圆弧、圆、椭圆、椭圆弧、二维多段线、三维多段线或样条曲线。如果选择了圆、闭合椭圆或闭合多段线，则将在 N 方向上闭合网格。

指定对象以定义旋转轴。

方向矢量可以是直线，也可以是开放的二维或三维多段线。如果选择多段线，矢量设定从第一个顶点指向最后一个顶点的方向为旋转轴。中间的任意顶点都将被忽略。旋转轴确定网格的 M 方向。

指定起点角度，如果指定的起点角度不为零，则将在与路径曲线偏移该角度的位置生成网格。

指定包含角，包含角用于指定网格绕旋转轴延伸的距离。

如果需要，删除原对象。

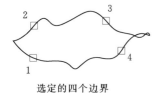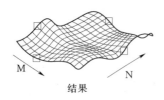

选定的四个边界　　　　　结果

图 6-3-33　创建边界定义的网格

（4）创建边界定义的网格。

1）创建要点。

使用 EDGESURF 命令，可以通过称为边界的四个对象创建孔斯曲面片网格，如图 6-3-33 所示。边界可以是可形成闭合环且共享端点的圆弧、直线、多段线、样条曲线或椭圆弧。孔斯片是插在四个边界间的双三次曲面（一条 M 方向上的曲线和一条 N 方向上的曲线）。

2）创建步骤。

依次单击"绘图（D）"→"建模（M）"→"网格（M）"→"边界网格（D）"，或在命令提示下，输入 edgesurf。

选择四个对象以定义网格片的四条邻接边。这些对象可以是可形成闭合环且共享端点的圆弧、直线、多段线、样条曲线或椭圆弧。

选择的第一条边可确定网格的 M 方向。

6.3.5　运用布尔运算、拉伸、放样命令创建实体模型

1. 布尔运算

布尔运算是在三维建模时常用的方法，是对三维实体进行交集、并集、差集操作，从而形成复合实体。布尔运算的三种方法：

（1）合并两个或两个以上对象。

使用 UNION 命令（即布尔并集◎），可以将两个或两个以上对象合并为一个整体，如图 6-3-34 所示。

（2）从一组实体中减去另一组实体。

使用 SUBTRACT 命令（即布尔差集◎），可以从一组实体中删除与另一组实体的公共区域。例如，可以使用 SUBTRACT 命令从对象 1 中减去与对象 2 相交的部分，从而形成一个复合实体，如图 6-3-35。

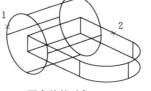

要合并的对象　　　　　结果

图 6-3-34　合并实体对象

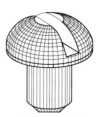

选定被减去的对象　　　选定要减去的对象　　　结果（为清楚起见而隐藏了线）

图 6-3-35　减去实体对象

（3）两个对象的交集。

使用 INTERSECT 命令（即布尔交集 ），可以从两个或两个以上重叠实体的公共部分创建复合实体。INTERSECT命令用于删除非重叠部分，以及从公共部分创建复合实体，如图 6-3-36 所示。

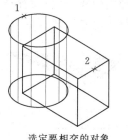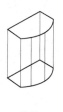

选定要相交的对象　　　　结果

图 6-3-36　重叠部分实体对象

2. 通过拉伸创建实体或曲面

通过将曲线拉伸到三维空间可创建三维实体或曲面。拉伸（EXTRUDE）命令 拉伸 可创建实体或曲面。开放曲线可创建曲面，而闭合曲线可创建曲面或曲面。

拉伸选项：拉伸对象时，可以指定以下任意一个选项（也可以直接选择要拉伸的对象再指定拉伸高度）。

模式：设定拉伸是创建曲面还是实体。

指定拉伸路径：使用"路径"选项，可以通过指定要作为拉伸的轮廓路径或形状路径的对象来创建实体或曲面。拉伸对象始于轮廓所在的平面，止于在路径端点处与路径垂直的平面。要获得最佳结果，请使用对象捕捉确保路径位于被拉伸对象的边界上或边界内（见图 6-3-37）。

沿路径拉伸轮廓时，轮廓会按照路径的形状进行拉伸，即使路径与轮廓不相交。倾斜角：在定义要求成一定倾斜角情况下，倾斜拉伸非常有用（见图 6-3-38）。

图 6-3-37　指定拉伸路径　　　　　　　图 6-3-38　倾斜拉伸

方向：通过"方向"选项，可以指定两个点以设定拉伸的长度和方向。

拉伸后删除还是保留原对象，取决于 DELOBJ 系统变量的设置。

3. 通过放样创建实体或曲面

通过在包含两个或更多横截面轮廓的一组轮廓中对轮廓进行放样来创建三维实体或曲面（见图 6-3-39）。

横截面轮廓可以是开放曲线或闭合曲线。开放曲线可创建曲面，而闭合曲线可创建实体或曲面。

（1）放样选项。

模式。设定放样是创建曲面还是实体。

横截面轮廓。选择一系列横截面轮廓以定义新三维对象的形状（见图 6-3-40）。

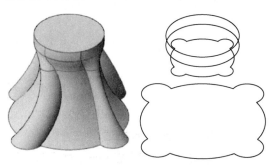

图 6-3-39　放样创建实体或曲面

创建放样对象时，可以通过指定轮廓穿过横截面的方式调整放样对象的形状（例如尖锐或平滑的曲线）。路径为放样操作指定路径，如图 6-3-41 所示，以更好地控制放样对象的形状。为获得最佳结果，路径曲线应始于第一个横截面所在的平面，止于最后一个横截面所在的平面。

导向。指定导向曲线，以与相应横截面上的点相匹配。此方法可防止出现意外结果，例如在放样完成后的三维对象中出现皱褶（见图 6-3-42）。

（a）直纹　　　　　　（b）平滑拟合　　　　　　（c）与所有截面垂直

图 6-3-40　具有不同横截面设置的放样对象

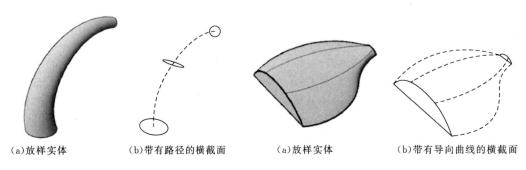

（a）放样实体　　（b）带有路径的横截面　　　（a）放样实体　　（b）带有导向曲线的横截面

图 6-3-41　指定路径放样　　　　　　图 6-3-42　指定导向曲线放样

每条导向曲线必须满足的条件为：与每个横截面相交，始于第一个横截面和止于最后一个横截面。

（2）放样操作步骤。

通过对一组横截面轮廓进行放样来创建实体的步骤。

依次单击"绘图（D）"→"建模（M）"→"放样（L）"，或在命令提示下，输入 loft。

在绘图区域中，选择横截面轮廓并按 Enter 键。（按照希望新三维对象通过横截面的顺序选择这些轮廓）

执行以下操作之一：

仅使用横截面轮廓：再次按 Enter 键或输入 c（仅横截面）。

在"放样设置"对话框中，修改用于控制新对象的形状的选项，设置完成后，单击"确定"。

遵循导向曲线：输入 g（导向曲线）。选择导向曲线，然后按 Enter 键。

遵循路径：输入 p（路径）。选择路径，然后按 Enter 键。

【注意】

放样操作后删除还是保留原对象，取决于 DELOBJ 系统变量的设置。

6.4　任　务　实　施

6.4.1　实施步骤的总体描述

建模→使用与建立灯光→创建材质与贴图→设定透视图→渲染对象

6.4.2　三维效果图的具体绘制过程

6.4.2.1　建模

本部分内容将通过对本方案三维模型的建立学习不同的建模方式。

1. 房间墙体的建立

将若干个相互关联的二维的封闭线框图形生成面域，再根据需要对面域进行布尔运算操作（合并、相减、相交），最后用"EXT"（拉伸）命令将合并、相减或相交后的面域生成有厚度的三维图形（此法在室内设计三维绘图中应用广泛）。

（1）创建二维轮廓。

方法如第3章所述，结果如图6-4-1所示。

（2）创建二维多段线。

可以用以下几种方式创建二维多段线：

1）用多段线沿已绘制好的平面图描绘一遍。

2）用多段线编辑命令将已绘制完成的平面图合并为多段线。

3）用边界命令生成多段线或面域。

在功能区依次选择"常用"、"绘图"、"边界"⬚，执行"边界"命令后弹出如图6-4-2所示对话框，单击"拾取点（P）"按钮，在图6-4-1中A点位置单击即可创建多段线，也可在图6-4-2中选择"对象类型（O）："面域▾，直接生成面域。

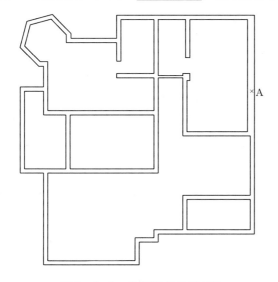

图6-4-1 绘制完成的平面图

图6-4-2 边界创建对话框

（3）生成面域并进行布尔运算。

在功能区依次选择"常用"、"绘图"、"面域"⬚，依次选择刚才创建的二维多段线，确认即可生成面域。将最外层面域复制，以备将来生成地面。

在功能区依次选择"常用"、"实体编辑"、"差集"⬚，首先选择最外层面域，确认后依次选择内部各面域确认即可。

（4）拉伸面域。

在功能区依次选择"常用"、"建模"、"拉伸"⬚，选择刚生成的面域，确认后输入拉伸高度2700，即可生成如图6-4-3所示墙体模型。

2. 建立电视墙和吊顶造型

电视墙和吊顶造型的建立方法与墙体的建立方式类似，创建好二维形状，生成面域，然后通过拉伸生成三维实体。

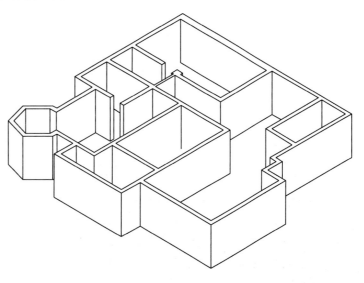

图6-4-3 消隐后的墙体模型

（1）建立电视墙。

1）首先进行 UCS 设置，将 XOY 平面转换到电视墙立面。执行 UCS 命令后，按图 6－4－4 所示依次选择 1、2、3 三点。

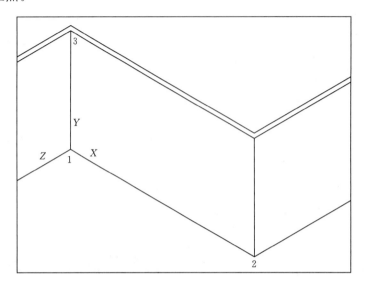

图 6－4－4　UCS 设置

2）在 UCS 用户坐标系统下分别调用矩形、面域、拉伸（EXT）、布尔运算等命令绘制完成图 6－4－5 所示的背景墙与装饰框的造型（墙面拉伸厚度为 100mm），具体尺寸见第 3 章图 3－3－1。

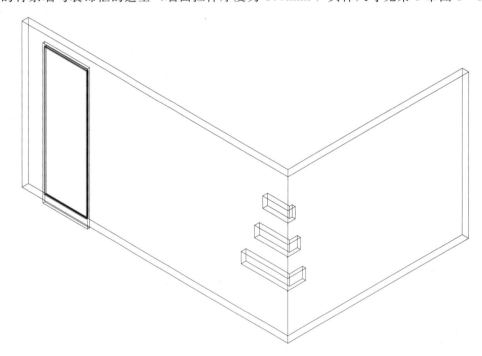

图 6－4－5　建立背景墙与装饰框

3）应用图 4－3－4 的方法首先在如图 6－4－6（a）所示的大矩形中绘制互相垂直的两个长条矩形，然后将它们转换为面域用阵列命令分别复制，最后调用布尔运算命令将阵列后的所有条形面域合并并且拉伸（EXT）为 20mm 厚的实体格栅，如图 6－4－6（b）。格栅造型要求突出于其后的玻璃。

4）将图 6－4－6 的墙面格栅造型及玻璃放置到图 6－4－5 的装饰框中，并在电视墙上方建立三个长方体完成电视背景墙的创建。再将背景墙与原建筑墙体复合，使背景墙突出于原建筑墙体 80mm，最终结果如图 6－4－7 所示。

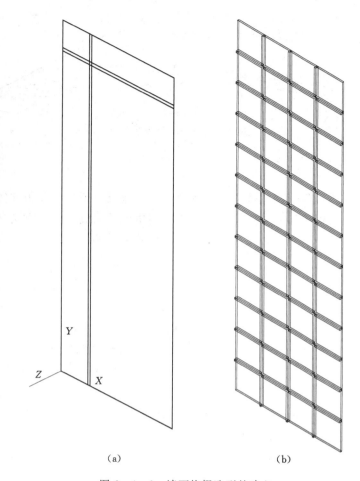

（a） （b）

图 6-4-6 墙面格栅造型的建立

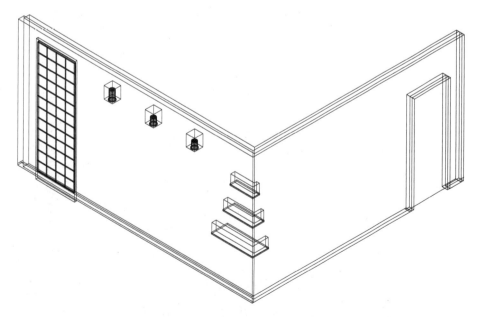

图 6-4-7 背景墙的最终效果

（2）吊顶造型的建立。

将坐标恢复为 WCS，在平面图中绘制出吊顶的平面造型，再拉伸（EXT）生成三维模型，最后可在前视图中调整其高度确定其位置，最终造型如图 6-4-8 所示（此造型与图 3-2-1 的顶面造型不一致，读者可自行设计）。

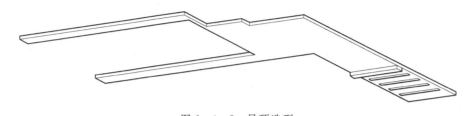

图6-4-8 吊顶造型

3. 室内家具、设施造型的建立

（1）电视地柜绘制。

电视地柜由三个长方体、四个圆柱体和四个倒角长方体组成。长方体和圆柱体可用基本实体绘制命令直接完成；倒角长方体可先绘制长方体，然后进行倒角编辑完成。具体方法如下：

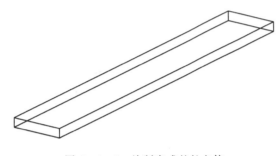

图6-4-9 绘制完成的长方体

依次单击"绘图（D）"→"建模（M）"→"长方体（B）"，或在实体功能区选择按钮"⬛ 长方体"，创建如图6-4-9所示长方体。命令提示如下：

命令：_box
指定第一个角点或［中心(C)］：
指定其他角点或［立方体(C)/长度(L)］：@3000，440
指定高度或［两点(2P)］<100>：80

用同样的方法创建另外两个长方体，大小分别为3200，480，40和3200，440，80。创建倒角长方体。首先创建大小为1000，420，10的长方体，然后对所创建的长方体进行倒角编辑，方法如下：

依次单击"修改（M）"→"实体编辑（N）"→"倒角边（C）"，或在实体功能区选择按钮⬠。创建如图6-4-10所示倒角长方体。命令提示如下：

命令：_CHAMFEREDGE 距离1＝1.0000，距离2＝1.0000
选择一条边或［环(L)/距离(D)］：(选择需要倒角的一条边)
选择属于同一个面的边或［环(L)/距离(D)］：d
指定距离1或［表达式(E)］<1.0000>：2
指定距离2或［表达式(E)］<1.0000>：3
选择属于同一个面的边或［环(L)/距离(D)］：(选择其他需要倒角的边)
选择属于同一个面的边或［环(L)/距离(D)］：
选择属于同一个面的边或［环(L)/距离(D)］：
按Enter键接受倒角或［距离(D)］：

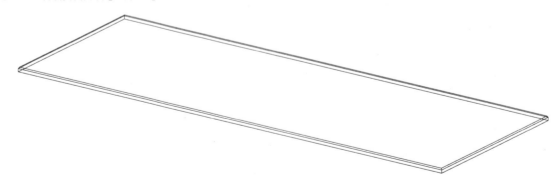

图6-4-10 倒角后的长方体

把绘制好的图形向上复制三个。

绘制四个圆柱体：先创建一个底面半径为25，高为400的圆柱体，然后复制生成另外三个。具体方法如下：

依次单击"绘图（D）"→"建模（M）"→"圆柱体（C）"，或在实体功能区选择
按钮"⬚圆柱体"，创建如图6-4-11所示圆柱体。命令提示如下：

命令：_cylinder
指定底面的中心点或［三点(3P)/两点(2P)/切点、切点、半径(T)/椭圆(E)］：
指定底面半径或［直径(D)］＜0＞：25
指定高度或［两点(2P)/轴端点(A)］＜0＞：400

图6-4-11

所有实体绘制完成后，通过复制、移动组合的一起的结果如图6-4-12所示。

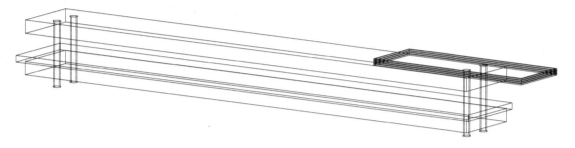

图6-4-12　最终完成的电视地柜效果

（2）花瓶、音箱模型建立。

1）花瓶模型的建立。

花瓶可以由其1/4截面形状旋转生成，具体操作方法如下：

首先在前视图建立花瓶1/4截面形状，如图6-4-13所示。具体方法参考多段线的绘制方法。

然后依次选择"实体"→"实体"→"🖳旋转"。

命令：_revolve
当前线框密度：ISOLINES＝4,闭合轮廓创建模式 ＝ 实体
选择要旋转的对象或［模式(MO)］：_MO 闭合轮廓创建模式［实体(SO)/曲面(SU)］＜实体＞：_SO(选择绘制完成的截面)
选择要旋转的对象或［模式(MO)］：找到 1 个
选择要旋转的对象或［模式(MO)］：
指定轴起点或根据以下选项之一定义轴［对象(O)/X/Y/Z］＜对象＞：
指定轴端点：(依次捕捉1、2两点作为旋转轴)
指定旋转角度或［起点角度(ST)/反转(R)/表达式(EX)］＜360＞：

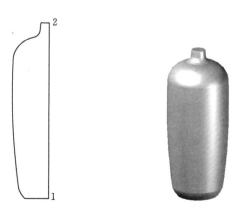

图6-4-13　花瓶1/4截面　　图6-4-14　花瓶模型

最终完成图形效果如图6-4-14所示。

2）音箱模型的建立。

音箱由两个长方体和一个放样造型构成，首先绘制长方体底座。具体方法如下：

图 6-4-15 放样
截面及路径

依次单击"绘图（D）"→"建模（M）"→"长方体（B）"，或在实体功能区选择按钮"长方体"，创建长方体。命令提示如下：

命令：_box
指定第一个角点或［中心(C)］：
指定其他角点或［立方体(C)/长度(L)］：@200,200
指定高度或［两点(2P)］＜100＞：50

用同样方法创建大小为 40，120，700 的长方体。

首先绘制放样截面与路径。具体方法如下：

绘制两个半径分别为 10，70 的圆，将半径为 70mm 的圆沿 Z 轴方向向上移动 180mm，通过两圆的圆心向上画一条长度为 900mm 的直线，在直线的端点上再绘制一个半径为 70mm 的圆，如图 6-4-15 所示。

然后，生成放样实体。具体方法如下：在功能区依次单击"实体"→"实体"→"放样"。

命令：_loft

当前线框密度：ISOLINES＝4,闭合轮廓创建模式 ＝ 实体

按放样次序选择横截面或［点(PO)/合并多条边(J)/模式(MO)］：_MO闭合轮廓创建模式［实体(SO)/曲面(SU)］＜实体＞：_SO

按放样次序选择横截面或［点(PO)/合并多条边(J)/模式(MO)］：找到 1 个

按放样次序选择横截面或［点(PO)/合并多条边(J)/模式(MO)］：找到 1 个,总计 2 个

按放样次序选择横截面或［点(PO)/合并多条边(J)/模式(MO)］：找到 1 个,总计 3 个(依次选择三个圆)

按放样次序选择横截面或［点(PO)/合并多条边(J)/模式(MO)］：

选中了 3 个横截面

确认后，在弹出的快捷菜单中选择设置（S）如图 6-4-16（a），然后在弹出的对话框中选择直纹，如图 6-4-16（b），再选择确定，即可生成如图 6-4-17 所示实体模型。

输入选项［导向（G）/路径（P）/仅横截面（C）/设置（S）］＜仅横截面＞：S

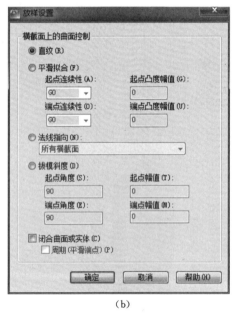

（a）　　　　　　　　　　　（b）

图 6-4-16　放样设置

图 6-4-17　放样生成
的实体模型

图 6-4-18　音箱
模型

最后将之前所绘制的长方体移动到合适的位置，最终形成音箱模型，如图 6-4-18 所示。

其他模型可以用之前所授方法建立，也可直接调用模型库中的模型。

4. 完成建模

将电视墙与家具、陈设组合到一起，如图 6-4-19 所示。

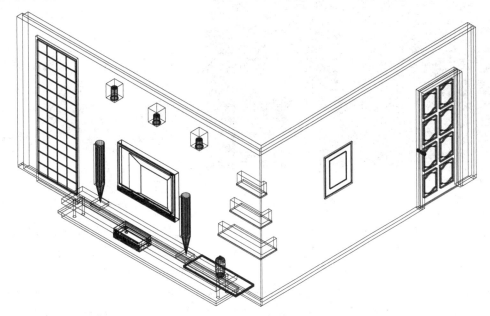

图 6-4-19　组合后的背景墙效果

6.4.2.2　使用与建立灯光

1. 使用光源

光源是渲染的一个非常重要的因素，添加光源可以改善模型外观，使图形更加真实自然。当场景中没有用户创建的光源时，AutoCAD 将使用系统默认光源对场景进行着色或渲染。默认光源是来自视点后面的两个平行光源，模型中所有的面均被照亮，以使其可见。用户可以控制其亮度和对比度，而无需创建或放置其他光源。

AutoCAD 提供了 3 种常用的光源：点光源、平行光和聚光灯。在 AutoCAD 中可以创建任意数量的点光源、平行光和聚光灯，并可以对这些光源以及环境光进行设置和管理。

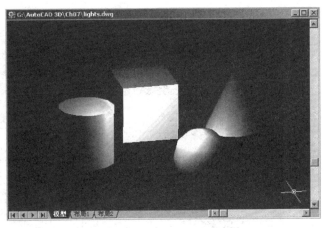

图 6-4-20　点光源的照明效果

（1）点光源：点光源从一点出发向所有方向发射光线，类似于灯泡所发出的光线。点光源的位置决定了光线与模型各个表面的夹角，因此可以在不同位置指定多个点光源，提供不同的光照效果。此外，点光源的强度可以随着距离的增加而进行衰减，并且可以使用不同的衰减方式，从而可以更加逼真地模拟实际的光照效果。图 6-4-20 中显示了使用点光源时三维模型的渲染效果。

（2）平行光：平行光源是沿着同一方向发射的平行光线，因此平行光也没有固定的位置，而是沿着指定的方向无限延伸。平行光源在 AutoCAD 的整个三维空间中都具有同样的强度，也就是说，对于每一个被平行光照射的表面，其光线强度都与光源处相同。平行光的另一个重要特点是可以照亮所有的对象，即使是在光线方向上彼此遮挡的对象也都将被照亮。在实际应用中，可以使用平行光统一照亮对象或背景。通常使用单个的平行光模拟太阳，为此 AutoCAD 专门提供了一个太阳角度计算器，可以根据指定的时间和位置计算出太阳光的方向。图 6-4-21 中显示了使用平行光时三维模型的渲染效果。

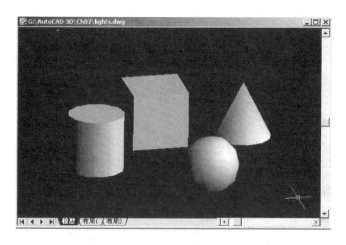

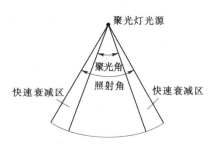

图 6-4-21 平行光的照明效果　　　　　　图 6-4-22 聚光灯示意图

（3）聚光灯：聚光灯从一点出发，沿指定的方向和范围发射具有方向性的圆锥形光束，如图 6-4-22 所示。聚光灯所产生的光锥分为两部分：内部光锥是光束中最亮的部分，其顶角称为聚光角；整个光锥的顶角称为照射角，在照射角和聚光角之间的光锥部分，光的强度将会产生衰减，这一区域称为快速衰减区。同点光源一样，聚光灯的强度也可以从光源开始，随着光线传播距离的增加而逐渐衰减，并且可以使用不同的衰减方式。在实际应用中，聚光灯适用于显示模型中特定的几何特征和区域。图 6-4-23 显示了使用聚光灯时三维模型的渲染效果。

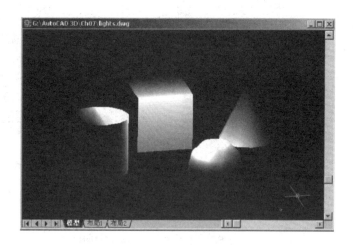

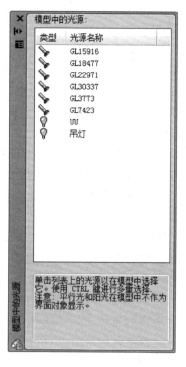

图 6-4-23 聚光灯的照明效果　　　　　　图 6-4-24 光源列表

（4）查看光源列表。

在"功能区"选项板中选择"渲染"选项卡，在"光源"面板中单击"模型中的光源"按钮，或在菜单中选择"视图"→"渲染"→"光源"→"光源列表"命令，将打开"模型中的光源"面板，其中显示了当前模型中的光源，单击光源即可在模型中选中它，如图 6-4-24 所示。

（5）阳光与天光模拟。

在"功能区"选项板中选择"渲染"选项卡，使用"阳光和位置"面板，可以设置阳光和天光，如图 6-4-25 所示。

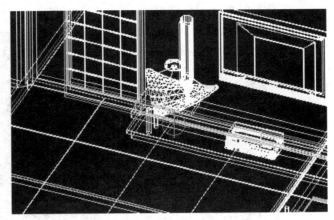

图 6-4-25　阳光与天光　　　　　　　　图 6-4-26　点光源位置

2. 灯光的创建

（1）创建点光源。

点光源从其所在位置向四周发射光线，它不以某一对象为目标。使用点光源可以达到基本的照明效果。在"功能区"选项板中选择"渲染"选项卡，在"光源"面板中单击💡点按钮，或在菜单中选择"视图"→"渲染"→"光源"→"新建点光源"命令（POINTLIGHT），可以创建点光源，在如图 6-4-26 所示位置创建点光源。

具体参数如图 6-4-27 所示。

点光源可以手动设置为强度随距离线性衰减（根据距离的平方反比）或者不衰减。

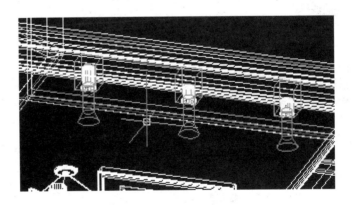

图 6-4-27　点光源参数　　　　　　　　图 6-4-28　聚光灯位置

（2）创建聚光灯。

聚光灯（例如闪光灯、剧场中的跟踪聚光灯或前灯）投射一个聚焦光束，发射定向锥形光，可以控制光源的方向和圆锥体的尺寸。在"功能区"选项板中选择"渲染"选项卡，在"光源"面板中单击💡聚光灯按钮，或在菜单中选择"视图"→"渲染"→"光源"→"新建聚光灯"命令，可以创建聚光灯。在如图 6-4-28 所示筒灯的下面创建聚光灯。

具体参数如图 6-4-29 所示。

常规	▲
名称	GL30337
类型	聚光灯
开/关状态	开
阴影	开
聚光角角度	55
衰减角度	110
强度因子	450
过滤颜色	☐ 255,255,255
打印轮廓	否
轮廓显示	自动
几何图形	▲
位置 X 坐标	10666.6746
位置 Y 坐标	-4403.154
位置 Z 坐标	2411.199
目标	否
衰减	
类型	线性反比
使用界限	否
起始界限偏…	0.2
结束界限偏…	1.2
渲染阴影细节	
类型	柔和 (阴影贴图)
贴图尺寸	128
柔和度	3

图 6-4-29　聚光灯参数

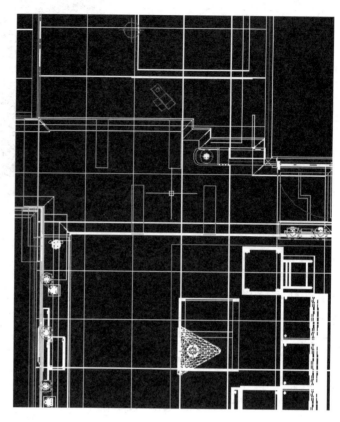

图 6-4-30　灯光及摄像机位置示意图

像点光源一样，聚光灯也可以手动设置为强度随距离衰减。但是，聚光灯的强度始终还是根据相对于聚光灯的目标矢量的角度衰减。此衰减由聚光灯的聚光角角度和照射角角度控制。

所有灯光创建位置如图 6-4-30 所示。

【注意】

创建灯光时应先在平面图中确定其位置，然后在立面图中调整其高度和照射方向。

6.4.2.3　创建材质与贴图

1. 使用材质

在渲染时，为对象添加材质，可以使渲染效果更加逼真和完美。

在"功能区"选项板中选择"渲染"选项卡，在"材质"面板中单击 🗄材质浏览器 按钮，或在菜单中选择"视图"→"渲染"→"材质浏览器"命令，打开"材质浏览器"选项板，使用户可以快速访问与使用预设材质，如图 6-4-31 所示。

2. 创建与编辑材质

创建墙体材质，方法如下：

单击材质浏览器中 🖉 创建材质▾ 按钮，选定"墙面漆"作为新材质模板，即可打开"材质编辑器"对话框。修改名称、颜色、涂色方式，如图 6-4-32 所示。

用同样的方法创建玻璃材质，如图 6-4-33 所示。不锈钢材质如图 6-4-34 所示。

图 6-4-31　材质浏览器

图 6-4-32　材质编辑器

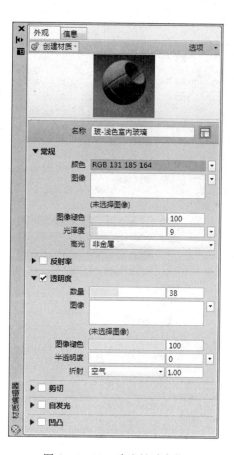

图 6-4-33　玻璃材质参数

3. 使用贴图

顾名思义，贴图就是将二维图像"贴"到三维对象的表面上，从而在渲染时产生照片级的真实效果。此外，还可以使贴图与光源组合起来，产生各种特殊的渲染效果。

在 AutoCAD 中，可以通过材质设置进行贴图，并将其附着到模型对象上，并可以通过指定贴图坐标来控制二维图像与三维模型表面的映射方式。在材质设置中，可以用于贴图的二维图像的格式包括 BMP、PNG、TGA、TIFF、GIF、PCX 和 JPEG 等。

在 AutoCAD 中选择贴图后，贴图的颜色将替换材质编辑器中的漫反射颜色。

漫射贴图：可以选择将图像文件作为纹理或程序贴图，为材质的漫反射颜色指定图案或纹理。贴图的颜色将替换漫反射颜色分量。这是最常用的一种贴图。例如，将木纹图像应用在家具模型的表面，可以在渲染时显示木质的外观。黑胡桃饰面材质设置如图 6-4-35 所示。

将图 6-4-33、图 6-4-34 创建的玻璃材质、不锈钢材质附着（应用）到电视地柜的玻璃及桌腿上；将纸板贴图材质附着（应用）到电视墙上；在材质浏览器对话框中以拖动的方式将这种贴图材质附加给所

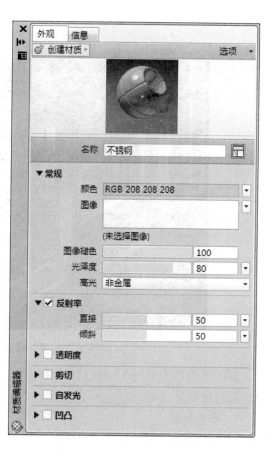

图 6-4-34　不锈钢材质参数

选对象，如图 6-4-36 所示。

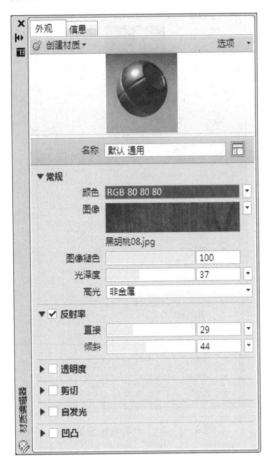

图 6-4-35 黑胡桃饰面材质设置参数

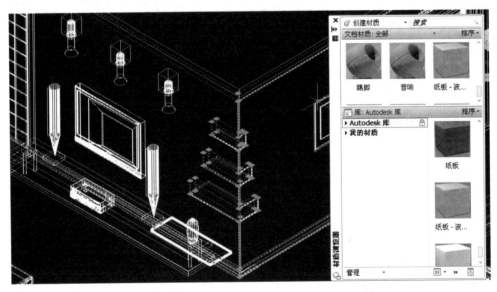

图 6-4-36 将贴图材质附着（应用）于所选对象

客厅地面材质如图 6-4-37 所示，也在材质浏览器对话框中以拖拽的方式将这种贴图材质附加给所选对象（客厅地面）。

4. 调整贴图

在不同形状的三维对象上使用贴图，需要选择和调整贴图的投影方式，以产生最佳的贴图效果。设置贴图方式的命令调用方式为：单击功能区选项板中"渲染"选项卡，材质面板中选择

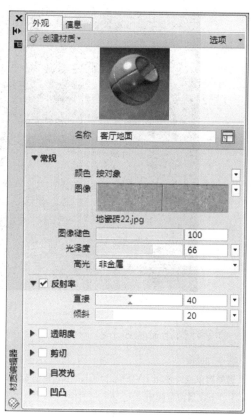

图 6-4-37 地面材质参数

材质贴图按钮，或在菜单中选择"视图"→"渲染"→"贴图"命令的子命令。

说明

• 平面贴图：将图像映射到对象上，就是将其投影到二维曲面上。图像不会失真，但会被缩放以适应对象，该贴图常用于平面。

• 长方体贴图：将图像映射到类似长方体的实体上，该图像将在实体的每个面上重复使用。

• 球面贴图：在水平和垂直两个方向上同时使图像弯曲。纹理贴图的顶边在球体的"北极"压缩为一个点；底边在"南极"压缩为一个点。

• 柱面贴图：将图像映射到圆柱形对象上，水平边将一起弯曲，但顶边和底边不会弯曲。图像的高度将沿圆柱体的轴进行缩放。

其他材质参考实际情况设置，并且在进行渲染的过程中不断调整，达到最佳效果。

6.4.2.4 设定透视图

操作步骤：

（1）在平面视图中执行 DVIEW（动态观测）命令，先选取所有对象。

（2）用 PO（POints）选项来设定适当的目标点与相机位置，如图 6-4-38 所示，十字光标所在处即相机位置。

（3）选择 D（Distance），直接按回车来打开"透视模式"。

（4）Z（Zoom）设定 50mm 的广角镜头。

（5）按 Enter 键来结束 DVIEW 的设定（命令结束后还可以通过平移和滚动鼠标中键来调整透视图），最终效果如图 6-4-39 所示。

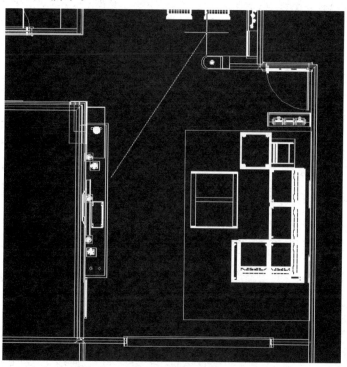

图 6-4-38 设置目标点与相机位置

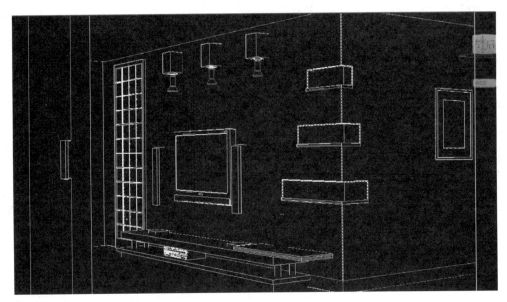

图 6 - 4 - 39 最终效果

命令行操作显示如下：

命令：dview

选择对象或<使用 DVIEWBLOCK>：all 找到 1263 个

5 个不在当前空间中

选择对象或<使用 DVIEWBLOCK>：

输入选项

[相机(CA)/目标(TA)/距离(D)/点(PO)/平移(PA)/缩放(Z)/扭曲(TW)/剪裁(CL)/隐藏(H)/关(O)/放弃(U)]：

po

指定目标点<14843.7193, −4135.1796, 1586.7356>：<对象捕捉 关>

指定相机点<14843.7193, −4135.1796, 1587.7356>：

输入选项

[相机(CA)/目标(TA)/距离(D)/点(PO)/平移(PA)/缩放(Z)/扭曲(TW)/剪裁(CL)/隐藏(H)/关(Q)/放弃(U)]：

d

指定新的相机目标距离<3535.9008>：3500

输入选项

[相机(CA)/目标(TA)/距离(D)/点(PO)/平移(PA)/缩放(Z)/扭曲(TW)/剪裁(CL)/隐藏(H)/关(O)/放弃(U)]：

Z

指定焦距<50.000mm>：

输入选项

[相机(CA)/目标(TA)/距离(D)/点(PO)/平移(PA)/缩放(Z)/扭曲(TW)/剪裁(CL)/隐藏(H)/关(O)/放弃(U)]：

6.4.2.5 渲染对象

渲染是基于三维场景来创建二维图像。它使用已设置的光源、已应用的材质和环境设置（例如背景和雾化），为场景的几何图形着色。

单击菜单栏"视图"→"渲染"，或在功能区选项板中选择渲染面板，可以设置渲染参数并渲染对象，如图 6 - 4 - 40 所示。

1. 高级渲染设置

在"功能区"选项板中选择"渲染"选项卡，在"渲染"面板中单击 高级渲染设置按钮，或在菜单中选择"视图"→"渲染"→"高级渲染设置"命令，打开"高级渲染设置"选项板，可以设置渲染高级选项，如图 6 - 4 - 41 所示。

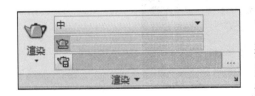

图 6 - 4 - 40 渲染面板

"高级渲染设置"选项板分为从常规设置到高级设置的若干部分，"常规"部分包含了影响模型的渲染方式、材质和阴影的处理方式以及反锯齿执行方式的设置（反锯齿可以削弱曲线式线条或边在边界处的锯齿效果）；"光线追踪"部分控制如何产生着色；"间接发光"部分用于控制光源特性、场景照明方式以及是否进行全局照明和最终采集。此外，还可以使用诊断控件来帮助用户了解图像渲染没有达到预期效果的原因。

图6-4-41 高级渲染设置

图6-4-42 渲染环境对话框

2. 控制渲染环境

在"功能区"选项板中选择"渲染"选项卡，在"渲染"面板中单击 环境按钮，或在菜单中选择"视图"→"渲染"→"渲染环境"命令，打开"渲染环境"对话框，可以使用环境功能来设置雾化效果或背景图像，如图6-4-42所示。

雾化的深度设置可以使对象随着距相机距离的增大而显示得越浅。雾化使用白色，而深度设置使用黑色。在"渲染环境"对话框中，要设置的关键参数包括雾化或深度设置的颜色、近距离和远距离以及近处雾化百分比率和远处雾化百分比率。

3. 渲染并保存对象

默认情况下，渲染过程包含渲染图形内当前视图中的所有对象。如果没有打开命名视图或相机视图，则渲染当前视图。虽然在渲染关键对象或视图的较小部分时渲染速度较快，但渲染整个视图可以让用户看到所有对象之间是如何相互定位的。

在"功能区"选项板中选择"渲染"选项卡，在"渲染"面板中单击 渲染面域按钮，或在菜单中选择"视图"→"渲染"→"渲染"命令，打开"渲染"窗口，可以快速渲染对象，如图6-4-43所示。

渲染的过程是对灯光材质以及渲染选项逐步调整达到最终满意效果的过程，而不是只调整其中的某几项。需要综合考虑各参数配合的效果。在调整的过程中对于局部的效果可以用"渲染面域"命令局部观察，从而节约时间。具体方法：在"功能区"选项板中选择"渲染"选项卡，在"渲染"面板中单击 渲染面域按钮。执行效果如图6-4-44所示。

最终效果满意后调整渲染尺寸与质量，如图6-4-45所示。

设置渲染输出路径与文件名。单击"渲染"面板上的 按钮，激活渲染输出状态，然后单击该

图 6 - 4 - 43 渲染窗口

按钮后的"浏览文件"按钮 ，指定文件的路径与文件名。通过"高级渲染设置"设置渲染参数，如图 6 - 4 - 46 所示。

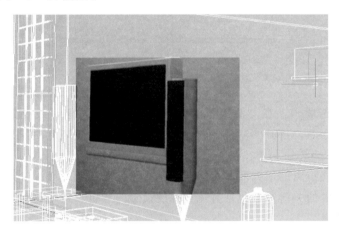

图 6 - 4 - 44 渲染面域效果

图 6 - 4 - 45 渲染质量设置

图 6 - 4 - 46 最终渲染效果图

参 考 文 献

［1］ 关俊良．建筑装饰 CAD［M］．北京：科学出版社，2002．

［2］ 莫章金，周跃生．AutoCAD2002 工程绘图与训练［M］．北京：高等教育出版社，2003．

［3］ 刘红强，郑洪霞．AutoCAD 机械制图实用教程（2011 版）［M］．北京：中央广播电视大学出版社，2011．

［4］ 张小平，张国清．建筑工程 CAD［M］．北京：人民交通出版社，2011．

［5］ 何倩玲，杜涛，等．中望 CAD2011 应用基础．电子版教程．

［6］ 雷冠军．中文版 AutoCAD2009 培训教程［M］．北京：北京理工大学出版社，2009．

［7］ 孙江宏．计算机辅助设计与绘图：AutoCAD2008（第二版）［M］．北京：中国铁道出版社，2008．

［8］ 张友奎，陈拥军，李伟．AutoCAD2006 建筑制图应用教程［M］．西安：西北工业大学出版社，2007．

［9］ 张律言．AutoCAD 3D 作图［M］．北京：清华大学出版社，1996．

［10］ 陈志民．AutoCAD2011 室内家装设计实战 风格与户型篇［M］．北京：机械工业出版社，2011．

扫描书下二维码获得图书详情
批量购买请联系中国水利水电出版社营销中心 010-68367658
教材申报请发邮件至 liujiao@waterpub.com.cn 或致电 010-68545968

精品推荐 — ·"十二五"普通高等教育本科国家级规划教材

《办公空间设计》
978-7-5170-3635-7
作者：薛娟 等
定价：39.00
出版日期：2015 年 8 月

《交互设计》
978-7-5170-4229-7
作者：李世国 等
定价：52.00
出版日期：2017 年 1 月

《装饰造型基础》
978-7-5084-8291-0
作者：王莉 等
定价：48.00
出版日期：2014 年 1 月

新书推荐 — ·普通高等教育艺术设计类"十三五"规划教材

| 色彩风景表现 |
978-7-5170-5481-8

| 设计素描 |
978-7-5170-5380-4

| 中外装饰艺术史 |
978-7-5170-5247-0

| 中外美术简史 |
978-7-5170-4581-6

| 设计色彩 |
978-7-5170-0158-4

| 设计素描教程 |
978-7-5170-3202-1

| 中外美术史 |
978-7-5170-3066-9

| 立体构成 |
978-7-5170-2999-1

| 数码摄影基础 |
978-7-5170-3033-1

| 造型基础 |
978-7-5170-4580-9

| 形式与设计 |
978-7-5170-4534-2

| 家具结构设计 |
978-7-5170-6201-1

| 景观小品设计 |
978-7-5170-5519-8

| 室内装饰工程预算与投标报价 |
978-7-5170-3143-7

| 景观设计基础与原理 |
978-7-5170-4526-7

| 环境艺术模型制作 |
978-7-5170-3683-8

| 家具设计 |
978-7-5170-3385-1

| 室内装饰材料与构造 |
978-7-5170-3788-0

| 别墅设计 |
978-7-5170-3840-5

| 景观快速设计与表现 |
978-7-5170-4496-3

| 园林设计初步 |
978-7-5170-5620-1

| 园林植物造景 |
978-7-5170-5239-5

| 园林规划设计 |
978-7-5170-2871-0

| 园林设计 CAD+SketchUp 教程 |
978-7-5170-3323-3

| 企业形象设计 |
978-7-5170-3052-2

| 产品包装设计 |
978-7-5170-3295-3

| 视觉传达设计 |
978-7-5170-5157-2

| 产品设计创意分析与应用 |
978-7-5170-6021-5

| 计算机辅助工业设计—Rhino与T-Splines的应用 |
978-7-5170-5248-7

| 产品系统设计 |
978-7-5170-5188-6

| 工业设计概论 |
978-7-5170-4598-4

| 公共设施设计 |
978-7-5170-4588-5

| 影视后期合成技法精粹—Nuke |
978-7-5170-6064-2

| 游戏美术设计 |
978-7-5170-6006-2

| Revit基础教程 |
978-7-5170-5054-4